国家自然科学基金项目（项目批准号：12203026）资助

……… 孙小淳◎主编 ……

以测推天：汉代的天文观测与历法推步

肖 尧 / 著

USING MEASUREMENTS TO UNDERSTAND THE HEAVEN:
ASTRONOMICAL OBSERVATIONS AND
CALENDAR CALCULATIONS IN THE HAN DYNASTY

长江出版传媒
湖北科学技术出版社

图书在版编目（CIP）数据

以测推天 ：汉代的天文观测与历法推步 / 肖尧著 . 武汉 ：湖北科学技术出版社， 2024. 10. --（天文学史新视野丛书 / 孙小淳主编）. -- ISBN 978-7-5706-3616-7

Ⅰ . P12

中国国家版本馆 CIP 数据核字第 20241PK668 号

策　　划：严　冰　　　　责任校对：王晓博

责任编辑：张娇燕　刘　芳　　　　封面设计：喻　杨

出版发行：湖北科学技术出版社

地　　址：武汉市雄楚大街 268 号（湖北出版文化城 B 座 13—14 层）

电　　话：027-87679468　　　　邮　　编：430070

印　　刷：湖北新华印务有限公司　　　　邮　　编：430035

710×1000　　1/16　　16.5 印张　　280 千字

2024 年 10 月第 1 版　　2024 年 10 月第 1 次印刷

定　　价：98.00 元

（本书如有印装问题，可找本社市场部更换）

总 序

天文学史特别是中国天文学史的研究，一直以来都是中国科学技术史研究领域中最为活跃、成果最为丰富的领域之一。在过去的一个世纪中，中国学者正式出版的关于天文学史的著作超过 150 种，还有数不胜数的相关论文。这些研究内容涵盖了历法、天文仪器、宇宙论、星表与星图、天象观测与记录、星占术、天文学家传记、少数民族天文学、天文学起源、天文学社会史以及中外天文学交流史等诸多方面。21 世纪以来，中国学者在上述领域研究的基础上，开拓了数理天文学史、考古天文学、中国近现代天文学史以及国外天文学史等新的研究领域，并取得了丰硕的研究成果。这使得天文学史研究呈现出一派生机勃勃的景象。

“天文学史新视野丛书”正是在这样的背景下诞生的。它试图在以下几个方面进行创新：

其一是新范式。过去的研究往往侧重于揭示中国古代天文学的成就，并将其与现代天文学相比较。然而，本丛书主张我们应该深入古代的情境中去理解古代天文学，探讨古天文概念和理论是如何建立起来的。这就要求我们将古代天文学的观测、计算和理论统一起来考虑，进行古代科学思想的复原研究。换而言之，我们的研究范式应该从单纯的发现转变为更为深入的复原。

其二是新视角。天文学作为古代科学的基础，与其他科学领域有着密切的联系。同时，天文学与国家社会、政治、文化息息相关。因此，我们可以从学科交叉的角度和社会文化史的角度来审视和研究古代天文学。

其三是新材料。随着考古学的发展，新的考古材料不断被发现，如新发现的汉简等。随着研究视角和研究范式的转变，许多过去被忽视的史料也可能获得新的意义，从而在某种程度上成为我们研究的新材料。

其四是新问题。天文学史研究是一个不断发展的过程，新的问题不断涌现。这些问题既包括学科内史的问题，也包括学科外史的问题。正如“一切历史都是当代史”，新问题的提出始终与我们当前的关切分不开。

最后也是最重要的，是新力量。学科要持续发展，离不开新的研究力量的加入。“天文学史新视野丛书”的作者中，有许多是我指导过的研究生。看到他们逐渐成长起来，我由衷地感到欣慰。

是为序。

2024年8月10日

目 录 CONTENTS

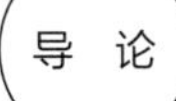

汉代天文学与中国古代天文学的典范 / 3

学术史综述 / 4

研究思路 / 19

研究内容 / 27

第一章 汉代的太阳观测 / 29

汉代的日食观测 / 30

汉代的冬至点观测 / 82

汉代对太阳运动的观测 / 90

汉代对太阳去极度的观测 / 95

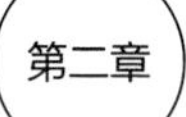

汉代的月亮和五星观测 / 105

汉代对月食的观测 / 107

汉代对月相的观测 / 119

汉代对月亮运动的观测 / 122

汉代对五星运动的观测 / 132

第三章 汉代的恒星观测 / 155

汉代对二十八宿的观测 / 157

汉代对十二次与十二辰的观测 / 162

第四章 汉代历法的历元确定 / 173

《太初历》的历元确定 / 175

《后汉四分历》的历元确定 / 192

第五章 “以测推天”的汉代天文学 / 215

“观天造历”和“依天验历”传统的建立 / 217

汉代天文学的实验传统 / 229

参考文献 / 237

后记 / 253

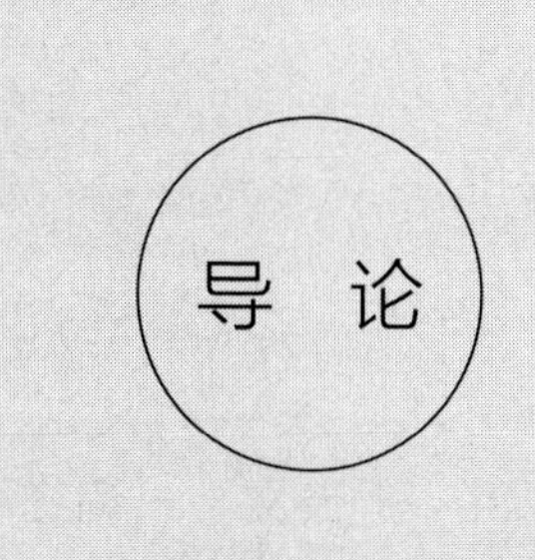

导 论

“天文”一词在中国传统文化中具有丰富的含义，但当我们谈论它时，往往不需要多加区分，其中的重要原因在于其内核十分明晰——与天象相关。对天文学而言，尤其是古代天文学，观测（天象）是重要且基础的工作，这之后（天文）历法、星占等内容才得以展开。但在绝大部分论著中，相较于理论化的内容，学者们对天文观测这类议题的兴趣不太大，这种倾向或许增加了我们理解中国古代天文学（体系）的难度，因为中国一直有重视实践的传统，天文学也不例外。因此，本书聚焦于汉代天文学，一方面是认为中国古代天文学的典范形成于汉代，对汉代天文学的研究将帮助我们更好地理解中国古代天文学；另一方面，是期望通过研究汉代天文观测，为我们解读中国古代天文学体系提供新的视角。

汉代天文学与中国古代天文学的典范

对天文学史家而言，中国古代天文学有两种解释。广义上，它是一门关于天（象）的综合学问，包含天文观测、天文历法、星占等内容；狭义上，它只包含被现代天文学认可的内容，其中以天文观测和天文历法[1]为代表。本书所要讨论的典范主要指狭义上的中国古代天文学，其最重要的内容是天文观测和历法推步。

天文学史家基本上有这样的共识：两汉时期是中国古代天文学典范形成的重要节点。对此有许多例证，如唐代李淳风称刘洪所作《乾象历》为“后代推步之师表”。因此，有学者提出天文学“汉范式”[2]的概念，用以表述中国古代天文历法在汉代形成的传统（或者说典范）。[3]在本书中，笔者将天文学“汉范式”概念的范围扩大一些，除天文历法以外，还包括其他被现代天文学所认可的内容（如天文观测）。那么，天文学“汉范式”的提法是否合适？这个问题实际有两重含义，对应的两种解答分别是汉代天文学家们是否在“汉范式”中进行研究，以及（汉之后的）天文学家们是否都遵照天文学“汉范式”。对此问题

[1] 这里的“天文历法”与泛用的“历法”一词有所区别，它除了需要计算历日时辰，还需要推算天体位置。

[2] 对于“范式（paradigm）”的概念和理论，库恩的《科学革命的结构》（*The Structure of Scientific Revolutions*）一书中有系统的阐述。概括地说，范式可以视为科学家集体共同接受的假说、理论、准则和方法的总和。

[3] 古克礼教授在书中指明，“汉范式”概念是孙小淳教授在与他的交流中提出的。Cullen, C.. The Foundations of Celestial Reckoning: Three Ancient Chinese Astronomical Systems[M]. Abingdon, Oxon;: Routledge, 2017，2.

的回答，需要先弄清汉代天文学[1]所包含的内容和当时天文学研究的情况，而后再对天文学“汉范式”的问题进行讨论。就本书而言，前者是首要任务和主要内容。

当谈论中国古代天文学体系时，古希腊天文学常被拿来比较。传统的观点是：中国古代是代数天文学，古希腊则是几何天文学。但这种描述更多关注理论化的内容，很大程度上忽视了作为天文学基础的天文观测。对天文学的范式而言，天文观测至关重要，尤其中国古代天文学重视实测，因此观测对象、观测方法、观测仪器等天文观测的内容更应得到关注和研究。基于此，本书更多地关注汉代的天文观测部分，以期更全面地展现汉代天文学面貌。

学术史综述

天文学往往以最早出现的自然科学这一形象而备受关注，这和自然科学在当今时代的地位不无关系。我们对古代天文学的研究也受此影响，尤其是新中国的首批科学史家，在借古振今的思潮下，更热衷于展示古代天文学中与现代科学相融洽的内容。因此，早先国内天文学史家研究古代天文学时，大多关注天文观测的精度以及天文历法的准确度这

[1] 此处的“汉代天文学”指前述狭义上的古代天文学，后文中出现的古代天文学，若不加说明，皆指狭义上的古代天文学。

两类问题，认为它们最能展现中国古代天文学的先进性和科学性。[1] 随着时代的发展和研究的深入，学者们开始重视历史语境下的整体性[2] 研究，以问题为导向的专题性研究越来越常见。就汉代天文学而言，相关研究虽然丰富，但以其为整体进行考察的专题性研究很少，孙小淳的《中国汉代星空：星官与社会》（*The Chinese Sky during the Han: Constellating Stars and Society*）和古克礼（Christopher Cullen）的《天数：中国秦汉时期的天文与权力》（*Heavenly Numbers: Astronomy and Authority in Early Imperial China*）大概是目前（该类型）仅有的两部专著。本书虽也属该类型的研究，但与以上两部著作的侧重点不同。《中国汉代星空：星官与社会》以汉代恒星体系为研究对象，通过对石氏、甘氏、巫咸三家星经的综合分析，重建出星官体系构成的古代星空，并以此为基础探讨古人构建星官体系背后的文化内涵和社会意义[3]；《天数：中国秦汉时期的天文与权力》更关注秦汉天文学的观测、仪器以及历算等技术实践（内容），通过聚焦具体人物和事件来考察秦汉天文学的发展，以此来揭示中国文化背景下的独特天文学体系。[4] 相比之下，本书是以汉代天文观测的内史研究为基础，解析天文历法的结构和机制，再从内史视角考察汉代天文学的演变。除上述两部专著，有关汉代天文学的研究大多聚焦单一主题，根据本书的研究重点，笔者以汉代的

[1] 通过论证准确性来体现科学先进性的做法在过去是常见的，但这并非值得称道的治史思路。

[2] 这里所谓的“整体性”主要与过去那种只展示与现代科学相接近内容的剥离式研究相区别。

[3] SUN, X. C., KISTEMAKER, J.. The Chinese Sky during the Han: Constellating Stars and Society[J]. Leiden: Brill, 1997.

[4] CULLEN, C.. Heavenly Numbers: Astronomy and Authority in Early Imperial China[M]. Oxford: Oxford University Press, 2017.

天文观测和天文历法两类专题分别作学术史的回顾。

第一，汉代天文观测相关研究。古人对天体的划分与现代天文学不同，他们将天空中的天体分为三类，一类恒动[1]，一类恒静[2]，一类异常[3]。前两类是古代天文学关注的重点，也是天文历法的主体。

在恒动的天体中，太阳是最重要的观测对象，尤其在汉代，日食、冬至点观测、太阳所在宿度、太阳去极度、太阳运动等问题都是当时人们关注的内容。在日食观测方面，朱文鑫[4]、张培瑜[5]、刘次沅[6]都写过专著，主要是考证汉代日食记录的真伪。其中，刘次沅对此的研究[7]最为详尽。刘次沅和石云里等人在朱文鑫《历代日食考》的基础上对汉代日食记录的真伪性进行重新考证，刘次沅认为西汉日食记录中的错误，绝大多数是由正确记录误衍出来的[8]；而邢钢和石云里认为正史里的日食记录虽然在汉初阶段的错误率很高，但在东汉阶段还是比较完整和可靠

[1] 恒动的天体即七曜——日、月和金、木、水、火、土五星，它们（相对于天壳）一直在运动，永不停歇。

[2] 恒静的天体即恒星，它们依附在天壳上静止不动，随天运转。

[3] 异常的天体包括变星、客星、流星、彗星等，不属于天文历法的研究范畴。

[4] 朱文鑫．历代日食考 [M]. 上海：商务印书馆，1934.

[5] 张培瑜．三千五百年历日天象 [M]. 郑州：大象出版社，1997.

[6] 刘次沅，马莉萍．中国历史日食典 [M]. 北京：世界图书出版公司，2006.

[7] 刘次沅，马莉萍．中国历史日食典 [M]. 北京：世界图书出版公司，2006；刘次沅．中国古代常规日食记录的整理分析 [J]. 时间频率学报，2006，29（2）：151–160；刘次沅．中国早期日食记录研究进展 [J]. 天文学进展，2003，21（1）：1–9；刘次沅．两汉魏晋天象记录统计分析 [J]. 时间频率学报，2015，38（3）：177–187；刘次沅．诸史天象记录考证 [M]. 北京：中华书局，2015；Liu, Ciyuan. The Regular Records of Solar Eclipse in Ancient China and a Computer Readable Table[J]. Archive of Exact Science, 2005，59：157–168.

[8] 刘次沅，马莉萍．朱文鑫《历代日食考》研究 [J]. 时间频率学报，2008，31（1）：73–80.

的，并且就日食验历问题进行讨论。[1] 除了考证汉代日食记录真伪性，还有学者对汉代日食时刻、食分、位置等问题进行过研究。陈久金曾对史料中记载的日食时刻进行精度分析，认为南北朝之前的日食时刻记录有半小时至一小时的误差，并简单分析了误差原因[2]；张培瑜等人对中国 8 世纪前的 34 次纪时日食观测记录进行分析，在考察的 14 个食分和 45 个见食时刻中，只有 1 条食甚时刻误差达 1 小时，其余记载均准确可靠[3]；李致森等人对日月交食和地球自转不均匀性问题也讨论过。[4] 在汉代的日食观测记录中，日食所在宿度是另一个值得关注的问题。李勇曾就日食记录真伪、历日安排、日食位置等问题进行讨论，认为西汉太阳位置记录（黄经）的标准误差明显高于东汉，且在两汉距星相同的前提下，东汉时期的太阳位置观测误差均值为 2.8 度，远低于西汉时期的 8.2 度[5]；马莉萍基于对两汉日食宿度记录的分析，推断两汉日食宿度记录都是由计算而得，并认为两汉计算日食宿度时所使用的冬至点都是斗 18.2 度。在此基础上，又对两汉日食宿度的来源进行讨论，认为西汉日食宿度正确率太低，难以判断其来源，而东汉日食宿度则是以“逐

[1] 邢钢，石云里．汉代日食记录的可靠性分析——兼用日食对汉代历法的精度进行校验 [J]. 中国科技史杂志，2005，26（2）：107–127. 此研究认为：贾逵论历时曾有意修改过日食对应晦朔的结果，以便和自己“太初历不能下通于今，新历不能上得汉元，一家历法必在三百年之间”的说法相吻合。

[2] 陈久金．中国古代日食时刻记录的换算和精度分析 [J]. 自然科学史研究，1983，2（4）：303–315.

[3] 张培瑜，韩延本．八世纪前中国纪时日食观测和地球转速变化 [J]. 天文学报，1995，36（3）：314–320.

[4] 李致森，杨希虹．中国古代日月交食时刻记录与地球自转的长期不规则性 [J]. 时间频率学报，1982（2）：21–27.

[5] 李勇．两汉《五行志》中的日食记录研究 [J]. 天文学报，2015，56（5）：491–504.

日法”[1]计算而得。[2]

在汉代，（太阳）冬至点观测的重要性可与日食观测相提并论。观测冬至点实际对应两类观测，对应时间是确定冬至时刻，对应空间是确定冬至时的太阳所在宿度。就确定冬至时刻而言，两汉时期一般只精确到日。陈美东曾对中国古代冬至时刻做误差分析，结论是自周代至刘宋何承天以前，冬至时刻测定误差绝大多数在先或后两三天，并认为西汉人或已认识到冬至时刻无法单纯从直接的日影测量中获得，因此西汉太初改历所定的历元必是采用直接测量与间接推算相结合的某种方法推求而得。[3]此外，圭表测影作为汉代确定冬至日的基本方法，也有必要进行讨论。黎耕在其对汉代圭表测影的研究中提到，从西汉到东汉，二十四节气的表影数据经历了由推算到实测的转变[4][5]，但西汉时的冬至表影是实测所得[6][7]；笔者过去的研究表明，汉代时的八尺圭表测影在冬至前后的测影误差有4厘米之多，即使有丰富的观测经验，也很难准确

---

[1] 按照马莉萍的定义，逐日法指：古代人们推算太阳宿度时，直接用所求日和上一年冬至点间的日数当作太阳在这期间行走的度数，再依次减去从冬至点算起的各宿的距度，即得所求。

[2] 马莉萍．中国古代交食的宿度记录及其算法 [D]. 西安：中国科学院研究生院，2007. 32−44.

[3] 马莉萍．中国古代交食的宿度记录及其算法 [D]. 西安：中国科学院研究生院，2007. 32−44.

[4] 黎耕，孙小淳．汉唐之际的表影测量与浑盖转变 [J]. 中国科技史杂志，2009，30（1）：120−131.

[5] 黎耕．汉唐之际的表影测量与浑盖之争 [D]. 北京：中国科学院自然科学史研究所，2008.

[6] 薄树人．试探三统历和太初历的不同点 [J]. 自然科学史研究，1983，2（2）：133−138.

[7] 薄树人．《太初历》和《三统历》[A]// 薄树人文集 [C]. 合肥：中国科学技术大学出版社，2003：329—368.

判断出哪一天的日中影长最长，即很难准确判断冬至的日期。[1][2] 此外，还有不少研究 [3] 谈及圭表测影定冬至内容，兹不赘述。

确定冬至点位置（即太阳所在宿度）实际上是确定太阳所在宿度的特殊情况，江晓原曾通过理论分析认定汉代常用的昏旦中星法测定精度不可能很高 [4]；孙小淳在研究汉代天文学时，也讨论过昏旦中星法测定冬至点位置问题，他从数据结果中分析得出汉代对冬至点位置的测量是比较准确的 [5]；另外，前人基本都认为东汉所定的冬至点位置斗 21.25 度与理论值约有 2° 的误差。[6][7] 总体上，前人对汉代冬至点观测的看法较为一致，概括而言，汉代时由于圭表测影精度不高，因此还不能单纯地以圭表测影数据确定准确的冬至日，同时汉代冬至点位置的实测误差

---

[1] 肖尧，孙小淳．郭守敬圭表测影推算冬至时刻的模拟测量研究 [J]. 中国科技史杂志，2016，37（4）：5–20.

[2] 肖尧．郭守敬圭表测影模拟测量研究 [D]. 北京：中国科学院大学，2016.

[3] 关于这方面的研究，如高平子．圭表测景论 [A]. 高平子天文历学论著选 [C]. 台北："中央研究院"数学研究所，1987. 209–222；王玉民．冬至圭表测影新探 [J]. 中国科技史杂志，2013，34（4）：453–459；Li, Yong, and Xiaochun Sun. Gnomon shadow lengths records in the ZhoubiSuanjing：the earliest meridian observations in China?[J]. Research in Astronomy and Astrophysics, 2009，9（12）：1377–1386；金祖孟．我国测影验气的历史发展 [J]. 华东师范大学学报（自然科学版），1982（1）：83–92；李鉴澄．古历"十九年七闰"闰周的由来 [J]. 中国科技史料，1992，13（3）：14–17；李鉴澄．岁差在我国的发现、测定和历代冬至日所在的考证 [A]// 中国天文学史文集（第 3 集）[C]. 北京：科学出版社，1984：124–137.

[4] 江晓原．中国古代对太阳位置的测定和推算 [J]. 中国科学院上海天文台年刊，1985（7）：91–96.

[5] 孙小淳．关于汉代的黄道坐标测量及其天文学意义 [J]. 自然科学史研究，2000，19（2）：143–154.

[6] 孙小淳．关于汉代的黄道坐标测量及其天文学意义 [J]. 自然科学史研究，2000，19（2）：143–154.

[7] 张培瑜，陈美东，薄树人，等．中国古代历法 [M]. 北京：中国科学技术出版社，2008：306.

较大，这使得西汉测定的冬至点位置误差反而比东汉 2° 的误差更小。但笔者认为这种共识有误，东汉观测冬至点位置的误差并非 2° 左右，症结在于两汉的冬至点太阳位置是在当时历谱的冬至日测定，而过去学者皆以（回推得到的）实际冬至日太阳位置进行误差分析。（详见本书第一章）

对汉代人来说，太阳所在宿度的重要性要远高于太阳去极度，这和分野理论[1]有密切关系。汉代有关太阳去极度观测的史料极少，我们研究汉代的太阳去极度观测最重要的文献是东汉的二十四节气黄道去极度表[2]。关于二十四节气黄道去极度表，有学者讨论过其数据的来源问题，李鉴澄认为该表中的黄道去极是实测所得，不仅如此，晷景和昼夜漏刻也都是实测而得[3]；而邓可卉认为黄道去极虽系实测，但昼夜漏刻表由黄道去极表推算而得[4]；《中国古代历法》中有两说，一说东汉四分历二十四节气昼夜漏刻表乃刘洪、蔡邕所实测[5]，二说昼夜漏刻表系由黄道去极远近乘节气之差计算而得[6]；另《中国科学技术史·天文学卷》中认为黄道去极表是由昼夜漏刻表推算而来。[7]各家之说不相统一，有必

[1] 有关分野理论，可以参看《天地之间：天文分野的历史学研究》。邱靖嘉．天地之间：天文分野的历史学研究 [M]. 北京：中华书局，2020：181.

[2] 在《续汉书·律历志》中，记录了一份二十四节气日所在、黄道去极、晷景、漏刻、昏明中星表，这里我们简称为二十四节气黄道去极度表。

[3] 李鉴澄．论后汉四分历的晷景、太阳去极和昼夜漏刻三种记录 [J]. 天文学报，1962，10（1）：46−52.

[4] 邓可卉．东汉空间天球概念及其晷漏表等的天文学意义：兼与托勒玫《至大论》中相关内容比较 [J]. 中国科技史杂志，2010，31（2）：196−206.

[5] 张培瑜，陈美东，薄树人，等．中国古代历法 [M]. 北京：中国科学技术出版社，2008：37.

[6] 张培瑜，陈美东，薄树人，等．中国古代历法 [M]. 北京：中国科学技术出版社，2008：308，321.

[7] 陈美东．中国科学技术史·天文学卷 [M]. 北京：科学出版社，2003：211.

要对其重新考察。同样，也有学者对东汉二十四节气黄道去极度进行过精度分析，陈美东指出东汉四分历太阳视赤纬测算的误差有 0.70 度，并分析其原因系当时测量存在系统误差，可能是浑仪极轴有约 0.5 度的偏移。[1]通过观测太阳，汉代人对太阳运动的轨道和速度也有一些认识，这部分内容很少被专门讨论，对此的结论大多是概括性的。但通过仔细辨析文本，过去一些“常识性”的结论也存在问题。

除了太阳，恒动的月亮和五星也是汉代人重要的观测对象，汉代天文学家十分重视月亮和五星观测，月食、月相、月亮运动以及五星运动等都受到关注。张培瑜曾对古代月食记录做了认证和精度研究，认为中国古代月食记录系实测且可靠[2]，遗憾的是史料中没有汉代月食纪事。因此对汉代月食观测的研究基本上围绕月食周期问题。李广申曾就《三统历》的交食周期进行过研究，他认为朱文鑫所言的“《三统历》周期‘是先由实测得之’”并无证据，按他的观点，《三统历》135 月的交食周期，是一个经验周期，依据的是多次可见月食的日期记录以及少量日食例证[3]；石云里和邢钢则指出《三统历》和《后汉四分历》的交食周期推步只是月食周期推步，并不能推步日食。[4]对于汉代如何确定月食周期这一问题，李广申虽然得出了《三统历》月食周期是一个经验周期的结论，但其中细节讨论仍显不足，135 个朔望月发生 23 次月食的交食周期和实测的关系如何，有待进一步研究。

---

[1] 陈美东．中国古代太阳视赤纬计算法 [J]. 自然科学史研究，1987，6（3）：213-223，222.

[2] 张培瑜．中国古代月食记录的证认和精度研究 [J]. 天文学报，1993，34（1）：63-79.

[3] 李广申．论《三统历》交食周期 [J]. 河南师范大学学报：哲学社会科学版，1963（1）：36-42.

[4] 石云里，邢钢．中国汉代的日月食计算及其对星占观的影响 [J]. 自然辩证法通讯，2006，28（2）：79-85.

汉代的月相观测，主要与历日安排紧密相关，同时还与宇宙观等内容相关联，但就观测本身而言，新问题较少，前人谈及此内容也多是一笔带过。汉代对月亮运动的讨论比太阳运动更多。过去对汉代月亮运动的研究结论较为一致，比如月行迟疾由东汉的李梵（生卒年不详）和苏统（生卒年不详）提出，后来刘洪（约 129—210）在《乾象历》中加以改进作月行迟疾表，至此月行迟疾的计算被后世历法所共用。但从观测的角度对这些内容进行分析，会有不一样的结论。（详见本书第二章）

过去学者对汉代五星运动和会合周期的研究[1]颇多，这里主要回顾聚焦观测的研究。李东生曾对历代五星会合周期的精度进行研究，比较了《五星占》《三统历》《史记》中的五星会合周期，各有疏密[2]；张健对《汉书》和《后汉书》“天文志”中约 160 条五星运动记录（载有具体时间和位置）进行分析，认为汉代行星运动记录均为实测，且具有较高的观测精度（约 1~2 度的误差）[3]；杨帆和孙小淳针对火星运动，推断《三统历》的火星动态表可能采用了公元前 115 年的实测（火星）数

[1] 曲安京. 中国古代的行星运动理论[J]. 自然科学史研究，2006，25(1)：1–17；唐泉. 中国古代行星理论研究现状与展望 [J]. 科学技术哲学研究，2013（5）：82–88；唐泉. 中国古代五星动态表的精度——以“留”与“退”两个段目为例 [J]. 内蒙古师范大学学报（自然科学版），2013，42（4）：463–470；钮卫星. 古历“金水二星日行一度”考证 [J]. 自然科学史研究，1996（1）：60–65；刘云友. 中国天文史上的一个重要发现——马王堆汉墓帛书中的《五星占》[J]. 文物，1974（11）：28–36；李勇.《授时历》五星推步的精度研究 [J]. 天文学报，2011，52（1）：43–53；李红. 两汉魏晋南北朝的五星天象初探 [D]. 北京：中国科学院自然科学史研究所，2007；李建雄，李忠林.《汉书·律历志》五星“五步”研究 [J]. 曲阜师范大学学报（自然科学版），2016，42（3）：117–124；等等。

[2] 李东生. 论我国古代五星会合周期和恒星周期的测定 [J]. 自然科学史研究，1982，6（3）：224–237.

[3] 张健. 中国汉代记载的五星运动精度考查 [J]. 天文学报，2010，51（2）：184–197.

据[1]，这种推断的前提是五星动态表是基于某一次会合周期的观测而构造。但有学者认为刘焯、张胄玄之前各历法的五星动态表是在观测五星若干个会合周期的动态之后，给出的一个会合周期内固定不同时段的平均运动状况。[2]但这两种说法都未见论证，本书将对此进行讨论。（详见本书第二章）

恒星作为恒静天体，是观测恒动天体的背景板和参照物，古人描述日、月、五星的运动需要以恒星观测[3]为前提。最晚到战国时代，古人已开始用仪器对恒星位置进行定量测定[4]，并以星图和星表来记录它们。迄今为止，尚未发现任何汉代的全天星图实物，但在相关记载中有提到当时所用星图的情况，如东汉蔡邕在《月令章句》[5]中介绍了当时天文史官所用星图的大致样貌；于星表而言，在《开元占经》的《石氏星经》中附有一张星表，一般称“石氏星表”，学者们对它的研究主要围绕恒星证认、观测年代和观测精度展开。关于恒星证认，各家之说[6]多因校订差异所认不一，但整体上可以说大同小异；观测年代问题上，

[1] 杨帆，孙小淳．观测、理论与推算——从《三统历》到《皇极历》的火星运动研究 [J]. 中国科技史杂志，2017，38（1）：9–24.

[2] 张培瑜，陈美东，薄树人，等．中国古代历法 [M]. 北京：中国科学技术出版社，2008：17.

[3] 这里对“恒星观测”的意义加以限定，指用仪器对恒星进行定量的测量。

[4] 中国天文学史整理研究小组．中国天文学史 [M]. 北京：科学出版社，1981：50.

[5]《月令章句》已佚失，其内容是通过《开元占经》卷一摘引而知。

[6] 上田穰、薮内清、伊世同、潘鼐、孙小淳等先后对“石氏星表”进行过证认。具体研究文献：上田穰．石氏星經の研究 [M]. 京都：東洋文庫，1930；薮内清．中国の天文历法（增补改正本）[M]. 东京：平凡社，1990：56–63；伊世同．中国恒星对照图表 [M]. 北京：科学出版社，1981；潘鼐．中国恒星观测史 [M]. 上海：学林出版社，1989；孙小淳．汉代石氏星官研究 [J]. 自然科学史研究，1994，13（2）：129–139.

目前较为可信的说法是认为其测定于西汉晚期[1]；观测精度问题中较重要的结论是观测的系统误差约为 1 度。[2]

对恒星观测的研究，除了从星图、星表入手，还可从星空划分的角度考察。过往研究中，关于星空划分的命名、起源、文化意义等研究[3]更偏向外史，主要原因是史料中可供内史研究的材料较少。尽管如此，还是有一些涉及内史的研究，比如孙小淳对西汉二十八宿距度进行误差分析，指出其黄道距度和赤道距度的误差（标准差）都为 0.69 度[4]。

---

[1] 此说为孙小淳的研究结论，实际上对于“石氏星表”的观测年代目前有四种看法，分别为新城新藏的战国时期说，上田穰和潘鼐的部分战国部分东汉说，钱宝琮、薮内清、前山保胜和孙小淳的西汉时期说，胡维佳的唐代早期说。相关介绍可以参见《中国科学技术史·天文学卷》的第三章第八节。具体研究文献：新城新藏．东洋天文学史大纲 [J]. 沈璿，译东洋天文学史研究，中华学艺社，1933；上田穰．石氏星經の研究 [M]. 京都：東洋文庫，1930；薮内清．汉代观测技术和石氏星经的出现 [J]. 东方学报（京都），1959，第 30 册；薮内清．《石氏星经》的观测年代 [J]. 中国科技史料，1984，5（3）：14–18；钱宝琮．甘石星经源流考 [A]// 钱宝琮科学史论文选集 [C]. 北京：科学出版社，1983. 271–286；Y. MAEYAMA，W. SALTZER. The Oldest Star Catalogue of China, Shih Shen’s Hsing Ching. PRISMATA. Festschrift für Willy HARTNER. (eds.). Wiesbaden 1977，211–245；孙小淳．汉代石氏星官研究 [J]. 自然科学史研究，1994，13（2）：129–139；胡维佳．唐籍所载二十八宿星度及“石氏”星表研究 [J]. 自然科学史研究，1998，17（2）：139–157.

[2] 此观点主要采信于前山保胜和孙小淳的研究，两人的结论略有区别，但大体一致。具体研究文献同上。

[3] 这部分研究很多，如钱宝琮的《论二十八宿之来历》、新城新藏的《东洋天文学史研究》、薄树人的《< 太初历 > 与 < 三统历 >》、曾广敏的《两 < 唐书·天文志 > 十二次分野考校》、李维宝和陈久金的《论中国十二星次名称的含义和来历》、陈久金的《中国十二星次、二十八宿星名含义的系统解释》、钟守华的《楚、秦简 < 日书 > 中的二十八宿问题探讨》、赵永恒和李勇的《二十八宿的形成与演变》、宋会群和苗雪兰的《论二十八宿古距度在先秦时期的应用及其意义》、王建民等人的《曾侯乙墓出土的二十八宿青龙白虎图象》，等等。

[4] 孙小淳．关于汉代的黄道坐标测量及其天文学意义 [J]. 自然科学史研究，2000，19（2）：143–154.

第二，汉代天文历法相关研究。中国古代的天文历法是一种系统化的宇宙数学模型，它通过中朔、发敛、日躔、月离、晷漏、交食和五星运动等方面的推算内容揭示日月五星运行的规律。对它的研究可以笼统地分为内史和外史两类，内史类主要关注历理术文、推步方法等内容，外史类则重视文化、政治等因素与历法的关系。

对汉代天文历法的内史研究，主要集中在汉初历法和三部（留有完整术文的）历法[1]上。对传世的三部历法，解读其术文历理是首要的工作，这部分《中国古代历法》一书已论述颇详[2]，渐成共识，故不再赘述其他研究[3]。除了解读术文历理，历法推步精度、算法构造等内容也是学者们关注的方面。就这方面的专著而论，陈美东的《古历新探》堪为翘楚，可以说代表了当时（乃至今时）中国古代历法史研究的最高水平[4]，其关于汉代历法的诸多见解为本研究提供了良好的基础；另一部需要提及的专著是曲安京的《中国数理天文学》，其重点是探究中国历法的构造机理和数学思想[5]，其中也有关于汉代历法的讨论。就单篇论文而言，多是对具体问题的讨论。如高平子仔细分析过汉历五星运动的

[1] 分别是《三统历》《后汉四分历》《乾象历》。

[2] 此书的四、五、六章详细介绍了这几部历法。张培瑜，陈美东，薄树人，等．中国古代历法 [M]. 北京：中国科学技术出版社，2008.

[3] 若论专门对汉代历法术文的研究，早先有清代李锐注释汉代三历，详见（清）李锐．李氏遗书 [M]. 上海：上海醉六堂，1890. 近代有高平子关于汉历的研究，详见高平子．高平子天文历学论著选 [C]. 台北："中央研究院"数学研究所，1987. 当代学者中有陈美东作《古历新探》详论古代历法相关问题，详见陈美东．古历新探 [M]. 沈阳：辽宁教育出版社，1995. 因为陈美东也参与了《中国古代历法》的撰写，所以其中有不少内容同《古历新探》一致。

[4] 曲安京．中国古代数理天文学史研究的新进展——评《古历新探》[J]. 自然科学史研究，1999，18（3）：277-281，280.

[5] 曲安京．中国数理天文学 [M]. 北京：科学出版社，2008.

步法和周期[1][2]；唐泉和万映秋从古代历法家合天验历的角度，分析汉魏时《乾象历》推五星运动的精度水平。[3]

相较于传世的三部历法，学者们对汉初历法的研究争议较多，陈久金、陈美东、张培瑜、李忠林等学者[4]都曾撰文讨论过相关问题，但各家观点多有不同，其中以两家观点最为突出。陈久金和陈美东认为颛顼历以公元前336年正月甲寅朔旦夜半立春为历元，于秦始皇统一六国（公元前221年）后行用，其中采用借半日法[5][6]；而张培瑜根据出土历谱，采取逆推方法分析，认为秦始皇三十年（公元前217年）时，曾实测得到五月戊午朔旦夜半芒种，并以此为历元[7]，后来再有研究认为汉所

[1] 高平子．汉历五星步法的整理[A]//高平子天文历学论著选[C]. 台北："中央研究院"数学研究所，1987. 61–87.

[2] 高平子．汉历五星周期论[A]//高平子天文历学论著选[C]. 台北："中央研究院"数学研究所，1987. 143–166.

[3] 唐泉，万映秋．中国古代的行星计算精度：天文学家的要求与期望[J]. 咸阳师范学院学报，2010，25（2）：82–88.

[4] 陈久金，陈美东．从元光历谱及马王堆帛书《五星占》的出土再探颛顼历问题[M]. 中国天文学史文集北京：科学出版社，1978：95–117；陈久金．从马王堆帛书《五星占》的出土试探我国古代的岁星纪年问题[M]. 中国天文学史文集 北京：科学出版社，1978：48–65；陈久金，陈美东．临沂出土汉初古历初探[J]，中国天文学史文集[M]. 北京：科学出版社，1978：66–81；张培瑜．汉初历法讨论[J]，中国天文学史文集[M]. 北京：科学出版社，1978：82–94；张培瑜．根据新出历日简牍试论秦和汉初的历法[J]. 中原文物，2007（5）：62–77；张培瑜．秦至汉初历法是不一样的[J]. 自然科学史研究，1991（3）：230–235；张闻玉．元光历谱之研究[J]. 学术研究，1990（5）：78–84；李忠林．秦至汉初（前246至前104）历法研究：以出土历简为中心[J]. 中国史研究，2012（2）：17–69；黄敏华．汉历若干问题再研究[D]. 上海师范大学，2017；等等。

[5] 陈久金，陈美东．临沂出土汉初古历初探[M]. 中国天文学史文集 北京：科学出版社，1978：66–81.

[6] 陈久金，陈美东．从元光历谱及马王堆帛书《五星占》的出土再探颛顼历问题[M]. 中国天文学史文集 北京：科学出版社，1978：95–117.

[7] 张培瑜．汉初历法讨论[M]. 中国天文学史文集．北京：科学出版社，1978：82–94.

用《颛顼历》的步朔小余曾做过调整[1]。依笔者的判断，目前以陈久金和陈美东的研究结论[2]更为可信。总的来看，汉代历法的内史研究中，汉初历法（尤其是太初改历前的历法）仍是值得深入探讨的领域，但更具说服力的结论可能需要新的出土文献来提供证据支持。

对汉代天文历法的外史研究，大多从政治和文化两方面进行考察。比如李忠林、韦兵、陈侃理和孙英刚的研究主要探讨历法与政治的关系[3]，而李之田、张齐明和康宇的研究关注文化对历法的影响[4]。通过这些研究，不难看出汉代历法与皇权政治、经学谶纬等内容的紧密联系。学者们在研究汉代历法与外部因素的互动时，往往将目光聚焦于历法改革，主要原因在于历法与外部因素的互动会更清晰地呈现于历法改革活动中，但值得注意的是，这种外史研究的便利容易引发两重后果：一是忽略历法改革之外的外部因素，二是抛弃历法改革中的内史视角。事实上，目前学界已很少关注历法改革中的内史问题，这可能会影响我们对古代历法的理解和判断。

[1] 张培瑜．根据新出历日简牍试论秦和汉初的历法 [J]. 中原文物，2007（5）：62–77.

[2] 主要指二陈认为汉初历法采用“借半日”方法排布历日。近来的研究中，李志芳和程少轩的《胡家草场历简的重要价值》也提及二陈所用方法目前最为可信。文章首发于简帛网的汉简专栏（发布于 2020.1.13），详见 http://www.bsm.org.cn/show_article.php?id=3499.

[3] 李忠林．从历法后天看汉初历改的原因 [J]. 史学月刊，2014（8）：23–32+41；韦兵．竞争与认同：从历日颁赐、历法之争看宋与周边民族政权的关系 [J]. 民族研究，2008（5）：74–82，110；陈侃理．《秦汉的颁朔与改正朔》，《中古时代的礼仪、宗教与制度》，上海古籍出版社，2012；孙英刚．神文时代：谶纬、术数与中古政治研究》[M]. 上海：上海古籍出版社，2014.

[4] 李之田．历法改革与反儒斗争 [J]. 天文学报，1975（1）：149–152；张齐明．“遵尧顺孔”与“古不通今”：两汉历元之争的经学困境 [J]. 人文杂志，2018（2）：19–25；康宇．神学观念影响下的汉代天文学发展 [J]. 自然辩证法研究，2014，30（7）：75–81.

除了天文观测和天文历法中提及的前人研究，还有一些未归类的研究有必要介绍。首先，不少总论性质的天文学史专著[1]涉及汉代天文学的内容，为学者研究提供了基础性的知识，其重要性自不待言，但它们与本研究具体问题的关联性较弱，因此这里不展开介绍。其次，汉代天文学相关内容的记载主要见于《史记》《汉书》《后汉书》和《晋书》这四部正史，后世学者对这些史料多有注解[2]，这部分非本研究所关注，不再赘述。最后，漏刻是汉代天文观测的重要辅助仪器，其对天文观测的影响不应忽略。华同旭曾针对汉代漏刻技术进行模拟实验，并以此分析了两汉漏刻的计时精度[3]；陈美东等人考察了汉代漏刻制度和漏刻计算法精度[4][5]；马怡探讨了汉代计时仪器的种类和使用情况[6]。

回顾上述学术史，前人对汉代天文学的研究已有相当深厚的基础，并取得了许多有价值的研究成果。本书希望从以下三个方面拓展汉代天

[1] 李约瑟．中国科学技术史·第四卷·天文 [M]. 北京：科学出版社，1975；中国天文学史整理研究小组．中国天文学史 [M]. 北京：科学出版社，1981；陈遵妫．中国天文学史 [M]. 上海：上海人民出版社，2016；陈美东．中国科学技术史·天文学卷 [M]. 北京：科学出版社，2003；潘鼐．中国恒星观测史 [M]. 上海：学林出版社，1989；等等。

[2]（清）李锐．李氏遗书 [M]. 上海：上海醉六堂，1890；高平子．史记天官书今注 [M]. 台北：1965；高平子．四分历统谱 [A]// 高平子天文历学论著选 [C]. 台北："中央研究院"数学研究所，1987：180-208；陈久金．《史记》"天官书"和"历书"新注释例 [J]. 自然科学史研究，1987，6（1）：32-41；白玉林．后汉书解读 [M]. 北京：华龄出版社，2008；黄敏华．汉历若干问题再研究 [D]. 上海：上海师范大学，2017；夏国强．《汉书·律历志》研究 [D]. 苏州：苏州大学，2010；赵继宁．《史记·天官书》研究 [M]. 兰州：甘肃人民出版社，2015；等等。

[3] 华同旭．中国漏刻 [M]. 合肥：安徽科学技术出版社，1991.

[4] 陈美东．中国古代的漏箭制度 [J]. 广西民族学院学报（自然科学版），2006，12（4）：6-10，23.

[5] 陈美东，李东生．中国古代昼夜漏刻长度的计算法 [J]. 自然科学史研究，1990，9（1）：47-61.

[6] 马怡．汉代的计时器及相关问题 [J]. 中国史研究，2006（3）：17-36.

文学的研究：其一，对汉代的天文观测进行全面系统的考察，增强这方面的内史研究；其二，关注汉代历法改革过程中的历法内史问题，拓宽研究视角；其三，对中国古代天文学的“汉范式”问题进行讨论，丰富学科编史学的研究。

研究思路

对天文学史家来说，研究古代天文学史是必要的工作，但不同时期的天文学史家工作的出发点也不相同。早先的天文学史家期望寻找那些促使天文学不断进步的要素，因此更多关注那些与现代天文学相契合的观点，并试图构建出一条自古达今的天文学发展道路。在这种努力下，古代天文学从古希腊—阿拉伯—欧洲一路发展为现代天文学。但现在的天文学史家认为，他们的任务是引导人们领略迥异于现代的古代天文学风光。[1]在这种转变下，学者们尝试在历史情境中重新解读古代天文学，同时谨慎对待那种基于辉格史[2]视角构建出的天文学发展图景。

如今，伴随着辉格史彰显古代科技成就传统的衰落，回归历史语境和整体性的研究已逐渐成为主流。这实际上是两方面的转变。一种是

[1] 米歇尔·霍斯金．剑桥插图天文学史[M]．江晓原等，译．济南：山东画报出版社，2003.

[2] 巴特菲尔德用辉格史这个词来形容这样的科学史，即对每位科学家是按他对我们现代科学的建立所作贡献的大小来评价，而不是根据当时他所从事工作的知识背景来衡量。

辉格史观向反辉格史观的转变，这种转变在 20 世纪 70 年代已被西方科学史家普遍接受[1]。另一种是关于内外史研究取向的转变。自 20 世纪 30 年代开始，国际科技史界兴起一种新外史的研究风潮，它将科技发展与经济、政治、文化等一系列外部因素相联系，关注外部因素对科技发展的影响。在国内天文学史领域，黄一农[2]和江晓原[3]大概是较早有此倾向的天文学史家。尽管偏外史的科学史研究一度获得成功，但一些科学史家并不满足，他们认为有必要消除内外史的界限。[4]20 世纪以后，劳埃德（Geoffrey Lloyd）和席文（Nathan Sivin）教授提出将古代科学和社会、政治、经济等因素视为一个有机整体[5]加以考察，这是一次消除内外史界限的尝试。虽然回归历史语境和整体性的科学史研究被今天的科学史家所认可，但一些问题仍需要注意。正如过去科学史家所忧虑的那样，越是接近科学问题，仅仅从外部考虑它就越是危险[6]。整体性的研究纲领虽然不如外史研究那样极端，但学者们还是容易被外部因素禁锢，而忽视科学问题的内核，当然，这可能和学者自身背景有关，缺乏自然科学背景的学者往往会避开或者遗漏那些科学问题。与之相对，缺乏人文、社会、历史学背景的学者容易过分关注科学问题，而忽视一

[1] 于 1968 年编写的《国际社会科学百科全书》中，有关“科学史”的表述已经可以表明西方科学史界对反辉格式研究思路的广泛接受。

[2] 黄一农 . 社会天文学史十讲 [M]. 上海：复旦大学出版社，2004：1–7.

[3] 江晓原 . 天学外史 [M]. 上海：上海人民出版社，1999：1–14.

[4] 夏平（Steven Shapin）、席文等人都是其中的代表人物，有关此的发展简史可以参见《科学史中“内史”与“外史”划分的消解：从科学知识社会学的立场看》。刘兵，章梅芳 . 科学史中“内史”与“外史”划分的消解：从科学知识社会学的立场看 [J]. 清华大学学报（哲学社会科学版），2006（1）：132–138.

[5] 即“文化整体”（culture manifold）的概念。

[6]（丹）赫尔奇·克拉夫著 . 科学史学导论 [M]. 任定成译 . 北京：北京大学出版社，2005：24.

些显见的外部因素。

除了以上提到的辉格史和内外史问题，学界对待中国古代天文学的态度也发生过转变。传统的观点是中国古代天文学并未对现代天文学的诞生作出贡献，因此并无太多值得言说之处。同样地，中世纪的阿拉伯天文学也只是完成了微不足道的翻译工作[1]。事实上，在李约瑟（Joseph Needham）[2]之前，中国古代科技几乎都不被承认，天文学也不例外。受此影响，早期的天文学史家，主要是中国天文学史家，期望通过偏内史的研究来展现中国古代天文学的科学成就，并且采用辉格史的视角来凸显它的（现代）科学性。时至今日，学者们已能较平和地看待中国古代天文学[3]，同时受国际学界风潮的影响，开始更专注于揭示中国古代天文学的独特性。

天文学史家的研究转向和认知转变，使得人们可以更全面、更深入地理解古代天文学。但在这些改变之外，对于研究古代天文学的学者而言，仍有一些问题亟待解决。通常，研究者需要为其研究对象的合法性进行辩护，那些典型的科学史研究往往省略这一步骤，因为它们是明显合法的科学史研究，例如对开普勒天文学三定律的（史学）研究。但对于古代科学，研究者们往往需要先论述其作为科学史研究的合法性[4]，

[1] 这里是说传统的叙事认为，中世纪的阿拉伯天文学家对天文学发展最大的贡献是保留了古希腊的天文学著作并对其进行翻译。

[2] 20世纪40年代，李约瑟因为一个想法（中国科学，总的来说——为什么没有得到发展？）开始对中国科技史进行研究。

[3] 对于中国古代天文学，有两种比较极端的看法：一种认为中国古代天文学远胜世界其他各种古文明；另一种则认为中国古代天文学的成就不值一提。这里的“平和”即指不预设此两种极端观点。

[4] 关于此点，可以从过去科学史研究中找到例证，比如萨顿在他的科学史研究中，很自然地把炼金术、占星术等内容当作伪科学而不予考虑，甚至连盖伦的生理学理论也不能算作科学，进而拒绝讨论它们。

如果研究的对象与科学无关，那么这种研究就不是科学史的研究。目前为止，学界的整体趋势是拓展科学史研究范畴，比如，牛顿炼金术大约在 20 世纪 70 年代被纳入科学史研究的范畴[1]。就天文学史而言，从现有的研究[2]不难看出，学者们普遍承认各文明古代天文学作为科学史研究对象的合法性。不过，外部认同的事实并不能代替对合法性的辩护，中国古代天文学作为天文学史研究的合法性辩护仍是必要的。在笔者看来，合法性辩护的基础是从内史角度[3]去解析研究对象，关键在于是否承认此对象是天文学或者与天文学相关。前文已经提到，在早期的科学史家那里，非西方文明的古代科学一般不被认为是合法的科学史研究对象，因为它们与科学毫无关系，这种观点的影响十分深远，即便学者们已在所谓的中国古代科学史领域做出不少工作，人们还是会反复争论一个问题：中国古代有没有科学？对这一问题的回答，直接关系到对合法性问题的回答，这里笔者仅就天文学领域进行讨论。

中国古代是否有天文学？在大众看来，这应该是一个易于回答的问题，但对于研究者而言，它需要慎重作答。我们先谈一谈否定的回答，在否定的回答中，大概以江晓原的观点最为突出，他曾在《天学真原》中写道：

几乎在所有的古文明中，比如埃及、巴比伦、印度、中国、玛雅等等，人们都可以看到一个相同的现象：天文学研究产生于星占学活动之

[1] 在这之前，对牛顿炼金术的研究并不是一项合法的科学史研究。参见《科学史学导论》，29–30。

[2] *The Cambridge History of Science volume 1 Ancient Science*，这方面的例证很多，*Isis*、*Journal for the History of Astronomy* 等杂志上也有很多各文明古代天文学史的研究文章。

[3] 这里使用“内史角度”一词并不代表已承认研究对象为科学，而是表达“着眼于知识体系的内部构造”这一含义。

中，唯一的例外是古希腊……这就是说，希腊天文学不像其他古代文明那样产生于星占学活动，而是在星占学传入之前就已经相当发达了。这一例外是意味深长的，因为今天通行全世界的现代天文学体系，其源头正是古希腊天文学……在希腊以外的古代文明中，天文学研究产生于星占学活动之中，那么在这些古代文明中，天文学研究后来是否从母体中独立出来？或者说，在这些古代文明中，是否曾存在过现代意义上的天文学？这是颇难回答的问题。答案在很大程度上取决于人们所确认的判据……但是，天文学究竟是否曾经从古代中国星占学母体中独立出来，这个问题实际上直至今日仍未解决。本书并不打算解答这个问题。事实上，要解答这个问题，如今很可能还为时过早。但是通过以下各章的讨论，我们或许可以顺便对这个问题加深一些理解。读者最终或许可以做出自己的判断。基于以上所述的各种情况，本书将论述对象称为“古代中国天学”。之所以不使用“天文学”一词，是为了避免造成概念的混淆。这一方面固然是因为上面所说的问题尚未解决，但更重要的是，由本书以下各章的讨论将可清楚地看到，古代中国天学无论就性质还是就功能而论，都与现代意义上的天文学迥然不同。如果想当然地使用“天文学”一词，就很可能使人产生一种错觉，似乎本书所讨论的对象是现代天文学的一个早期形态或初级阶段，而这并不是事实。[1]

尽管江晓原事先声明不打算、也难以回答“天文学是否曾经从古代中国星占学母体中独立出来”这样一个问题[2]，但紧接着就给出了明确的答案——“古代中国天学无论就性质还是就功能而论，都与现代意义上的天文学迥然不同。”同时，他提出以“天学”来代替“天文学”，更鲜明地表达了观点。这个观点对国内学界和普通大众的影响颇大，至今

[1] 江晓原．天学真原 [M]. 沈阳：辽宁教育出版社，1991.

[2] 书中原文已经指出，这个问题可以等同于“中国古代是否存在过现代意义上的天文学”这个问题。

仍有不少人习惯用“天学”一词来形容中国古代天文学，但这种成功并不代表观点的正确。在江晓原的论述中，有两点值得注意。首先，“希腊天文学不像其他古代文明那样产生于星占学活动”是基本前提，这是古希腊天文学与其他古文明天文学的区别之处，并且他将此点与古希腊天文学是现代天文学体系的源头这一观点相关联，进而避免了对古希腊天文学和星占学关系的讨论。这里的问题在于：其一，星占学是天文学的母体这种说法并非定论[1]，甚至不是主流观点；其二，“希腊天文学不像其他古代文明那样产生于星占学活动”也不是一种共识，事实上，古希腊天文学与星占学的复杂关系在今天也依然被讨论[2]；其三，前文已经提到，学者们已经开始反思曾经构建的天文学发展图景，古代天文学如何发展为现代天文学这一问题也在被重新探讨[3]。其次，对中国古代天文学是否有现代意义上的天文学[4]这一问题，一般的逻辑是讨论两者的性质，再进行比较论证，但在江晓原那里，仅仅只谈中国古代天文学就得出了结论。这样看来，“天学”之说未免言过其实。

尽管绝大多数天文学史家认为中国古代有天文学，但他们很少专门谈论这个话题。这可能因为，一是研究者们认为这是一个共识，不值得讨论；二是研究者们难于很好地回答这个问题，因此采取回避的态度。陈美东认为：“历法不符实际天象或不甚准确，是我国古代历法改革的最

---

[1] 在书中江晓原也仅仅是引用了 M. Kline 的表述，且对此表述也可以有多种理解。参见《天学真原》绪论第 3 页。

[2] *The Cambridge History of Science volume 1 Ancient Science*、《剑桥插图天文学史》等。

[3] 近年来对中世纪阿拉伯天文学的研究已经显示，中世纪阿拉伯天文学对现代天文学体系有重要贡献，现代天文学体系的源头也许并非只有古希腊一处。

[4] 对于“现代意义上的天文学”这一概念，因为笔者不了解江晓原的界定，所以这里不做解释。

主要原因，其中又以气朔、交食、五星之验最为人们所重视，至于改朝换代等人为因素，仅仅是次要原因。”[1] 这说明中国古代天文学的内核也要求“拯救现象”[2]，从这个意义上讲，古希腊天文学与中国古代天文学是对等的。当然，古希腊天文学中的一些特性是独有的，问题在于，是这些特性使其成为现代天文学的源头吗？事实上，人们相信古希腊天文学是现代天文学的源头，关键在于人们认为天文学革命时，旧的天文学体系来自古希腊。因此，要回答“中国古代有无天文学”这一问题，还是应当从历史中寻求答案。

回到本书，笔者的研究重点不是讨论上述科学哲学问题，而是为以上讨论提供可靠的历史证据。[3] 因此本书主要的研究思路是以内史视角去考察汉代天文学的面貌，通过对汉代天文观测和历法推步的考察去解析汉代天文学的特点与性质。具体而言，本书选择天文观测作为研究切入点，对观测对象进行分类讨论，在分析观测精度的基础上，关注观测方法、观测记录等方面的问题。譬如对日食观测，前人研究多集中在记录数据（食分、时刻、位置等）的精度分析上，对观测本身关注较少。在系统考察汉代的天文观测之后，笔者将据此去探究汉代历法的构造问题，探讨汉代天文学中观测与理论的联系。

基于这种内史研究思路，笔者需要克服一些研究上的困难。首先，汉代史料亡佚较多，天文学专著少有留存，因此本书在使用可供研究材料的同时，还需要尽可能地探寻它们的关联性；其次，汉代天文学体系处于草创阶段，涉及的内容十分庞杂，尽管本书主要采用内史视角，但

[1] 陈美东．观测实践与我国古代历法的演进 [J]. 历史研究，1983（4）：85−98.

[2] 这是说柏拉图期望在模型中用组合圆周运动的方式合理解释行星的视运动。

[3] 也即是说，本书不是在做界定天文学的概念和考察中国古代是否有与之相应的知识体系存在的工作。

一些显见的外部因素也需要被考虑；最后，汉代的天文学说派别林立，各有特点，在分析中应当注意区分各家观点。另外，由于已往学者对汉代天文学的研究丰富且全面，因此本书主要是做推陈出新的工作，对未有新论的问题，则不赘述。

除了采取偏内史的研究进路，本书还有两方面的拓展值得说明。第一，关于研究资料来源的问题。近年来，大量出土的秦汉简牍被释读，其中有不少关于历日和天象的记载，比如最近的胡家草场历简就记载了自汉文帝后元元年下推 100 年的各年月朔和八节干支。[1] 这些新材料对我们解读汉代天文学有重要价值，本书将使用这部分史料对相关内容进行分析。第二，对研究方法的拓展。本书在考察汉代的天文观测时，对一些问题采用模拟测量方法作为参考，以增强论证的可靠性。比如史料中未记载过汉代八尺圭表测影的效果，因此笔者使用模拟测影的方法来探究八尺圭表的测影效果。

总体而言，本书侧重于用内史视角探析汉代天文学的面貌，并试图以天文观测为切入点来描绘汉代天文学“汉范式”的确立过程。另外，过去的研究常常忽视天文观测对于天文学体系的贡献，本书则指出天文观测对汉代天文学的发展至关重要，天文学“汉范式”的核心正是“以测推天”。

---

[1] 李志芳，程少轩．胡家草场历简的重要价值 [J]. 简帛文库，2020. 文章首发于简帛网的汉简专栏（发布于 2020.1.13）. 详见 http://www.bsm.org.cn/show_article.php?id=3499.

研究内容

本书的研究内容大致可分为两部分，前一部分对汉代天文观测进行系统考察，并讨论汉代历法的构造问题，后一部分尝试重新描绘汉代天文学体系形成的历史图景。对这两部分内容，笔者打算采用不同的章节结构，前一部分侧重于全方位考察汉代天文观测，因此以观测对象的类别来安排章节，先用三章研究汉代的天文观测内容，再设一章对历法构造问题进行讨论；后一部分重点为重构历史，将通过具体问题来组织内容。下面对各章内容做简要介绍。

第一章考察汉代太阳观测的内容，主要从日食、冬至点、太阳运动三个方面进行讨论。日食和冬至点作为汉代天文学家最重视的观测内容，在文献中保留了大量记录，是我们了解汉代太阳观测情况的理想切入点，本章主要讨论其观测记录来源、观测方法和观测精度等问题。除了特别关注的内容，汉代天文学家也需要通过观测了解太阳运动的基本情况，主要体现在两方面——运行速度和轨道位置。本章会对一些前人未曾关注或研究不足的问题进行讨论，比如对“日行一度”的看法，前人认为这是两汉无争议的共识，但实际上西汉和东汉对其的理解有明显差异。另外对东汉的一份二十四节气（日所在并黄道去极、晷景、漏刻和昏旦中星）数据表，本章会对与太阳运动相关的数据进行分析，以了解东汉太阳观测的状况。

第二章讨论月亮和五星观测中的相关问题，分为月食、月相、月亮运动、五星运动四节。月食部分主要探析月食周期的来源问题，同时考察月食观测的内容和方法；月相部分主要讨论月相观测与改历的关系；月亮运动主要探究月行迟疾和月行九道两个问题；五星运动主要对《三统历》和《后汉四分历》中的五星动态表进行分析，详细探讨五星动态表数据设定的来源问题。

第三章主要讨论汉代恒星观测中的二十八宿以及十二次和十二辰问题。前人认为《开元占经》中所载的一份"石氏星表"上的数据是汉代观测而得，但若基于此分析汉代恒星观测的精度，不免陷入循环论证的境地。因此本章先讨论较为确定的汉代二十八宿观测，分析其数据来源和观测精度，再讨论"石氏星表"的观测年代问题。对十二次和十二辰观察，本章探讨两者的对应问题，考察岁星纪年法和太岁纪年法在太初改历中的使用情况，尝试解释太初元年成为"丁丑年"的原因。

第四章以《三统历》为代表讨论汉代历法的构造问题。

第五章主要考察汉代的改历活动，据此尝试构建汉代天文学体系的建立图景。本章从技术演进和制历标准两个纬度进行研究，以汉代主要改历活动的三个具体问题来展现汉代天文学的发展。首先是历元确定问题，本章考察《太初历》和《后汉四分历》的历元确定过程，指出其改变之处以及缘由；接着对太初改历中的"藉半日法"疑案进行探究，考察邓平所提"藉半日法"的性质和作用；最后，考察两汉改历的具体过程，探讨汉代天文学体系建立过程中形成的传统。

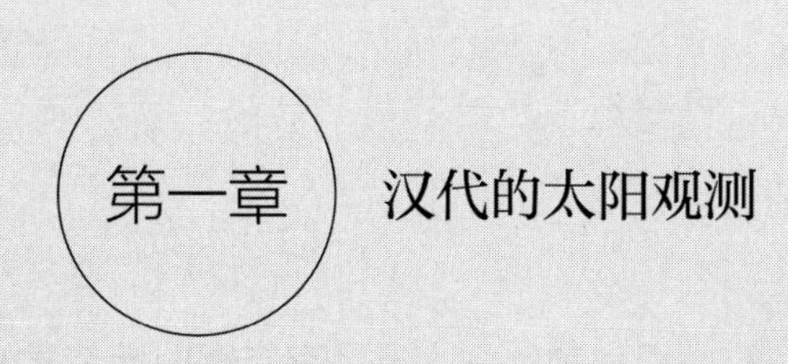

第一章 汉代的太阳观测

汉以前，古人已经有丰富的天文学知识，比如太阳的东升西落、月亮的弦望晦朔，等等。到了汉代，这些知识被融进一套天文学体系，成为天文学家正式、合法的研究内容。对汉代天文学家而言，观测并记录天象是非常重要的工作，而在诸多天象中，与太阳有关的天象最受重视。在汉代，除了观测太阳运动，天文学家还特别关注日食和冬至点，因此下文将从日食、冬至点和太阳运动三个方面考察汉代的太阳观测情况，力求厘清汉代太阳观测的实践情况。

汉代的日食观测

在古人观测到的各种天象中，日食大概是最引人瞩目的一种天象。一方面，日食非常壮观（特别是日全食），并且常伴有气温下降、阴风四起、鸟兽乱走等“异象”，自然容易引起关注；另一方面，按照中国古代的星占学说，日食同“人主失德”相对应，这使它更受到古代统治阶层的重视。可能出于这两方面的原因，中国自古就有观察记录日食的传统。中国现存最早且成系统的日食记录，出自《春秋》的鲁国历史。其中记载了自鲁隐公元年（公元前722年）至哀公十四年（公元前481年）发生的37次日食。其后，这种系统记录日食的传统被保留下来，一直延续至清代。在这些日食记录中，除了记录何日发生日食之外，有些还会记录日食食分、日食时刻、日食所在宿度等内容。接下来将分两部分来讨论汉人的日食观测，前一部分主要分析汉代的日食宿度记录，后一部分主要探讨汉代如何观测日食。

（一）汉代的日食宿度记录

日食记录对于天文学史家来说，在史学和科学两方面都具有重要的学术价值。[1] 前人对日食记录的研究多在考辨真伪，前文已经梳理了过去对汉代日食记录真伪考证的研究，这里不再赘述。

汉代的日食记录主要记载于《史记》《汉书》《后汉书》，其中以《汉书·五行志》和《后汉书·五行志》的记载为详。这些日食记录中，除了记录日食发生的日期，还有不少记录有日食的所在宿度。对这些附有日食所在宿度的日食记录，前人关注较少，仅有马莉萍对此进行过详细分析。其研究认为这些宿度记录是事先或事后通过计算得到的，并且推测了两汉日食宿度记录的推算方法。[2] 但其中有两处疏漏，一是在未确定数据来源的情况下，论证中将其视为观测数据进行误差分析；二是其结论与两汉时冬至点太阳所在宿度的历史记载相悖。基于此，有必要重

[1] 刘次沅，马莉萍．中国历史日食典[M]．北京：世界图书出版公司，2006，32.

[2] 马莉萍．中国古代交食的宿度记录及其算法[D]．西安：中国科学院研究生院，2007：32-44.

新对汉代日食宿度记录进行分析和讨论。

1. 汉代《五行志》日食记录的可靠性分析

为了方便后面的讨论，先分别将《汉书·五行志》和《后汉书·五行六》中的日食记录及对应公历日期整理成表 1–1 和表 1–2。(错误记录用斜体显示)

表 1–1 《汉书·五行志》所载日食记录表

日食记录	公历日期
高帝三年十月甲戌晦，日有食之，在斗二十度，燕地也	–205–12–20
（高帝三年）十一月癸卯晦，日有食之，在虚三度，齐地也	*–204–01–18*
（高帝）九年六月乙未晦，日有食之，既，在张十三度	–198–08–07
惠帝七年正月辛丑朔，日有食之，在危十三度	*–188–02–21*
（惠帝七年）五月丁卯，先晦一日，日有食之，几尽，在七星初	–188–07–17
高后二年六月丙戌晦，日有食之	*–186–07–26*
（高后）七年正月己丑晦，日有食之，既，在营室九度，为宫室中	–181–03–04
文帝二年十一月癸卯晦，日有食之，在婺女一度	–178–01–02
（文帝）三年十月丁酉晦，日有食之，在斗二十二度	–178–12–22
（文帝三年）十一月丁卯晦，日有食之，在虚八度	*–177–01–21*
（文帝）后四年四月丙辰晦，日有食之，在东井十三度	*–160–06–09*
（文帝后）七年正月辛未朔，日有食之	*–157–02–09*
景帝三年二月壬午晦，日有食之。在胃二度	–154–04–05
（景帝）七年十一月庚寅晦。日有食之，在虚九度	–150–01–22
（景帝）中元年十二月甲寅晦，日有食之	*–149–02–10*
（景帝）中二年九月甲戌晦，日有食之	*–148–10–22*
（景帝中）三年九月戊戌晦，日有食之。几尽，在尾九度	–147–11–10

（续表）

日食记录	公历日期
（景帝中）六年七月辛亥晦，日有食之，在轸七度	-144-09-08
（景帝）后元年七月乙巳，先晦一日，日有食之，在翼十七度	-143-08-28
武帝建元二年二月丙戌朔，日有食之，在奎十四度	*-139-03-21*
（武帝建元）三年九月丙子晦，日有食之，在尾二度	-138-11-01
（武帝建元）五年正月己巳朔，日有食之	*-136-02-16*
*（武帝）元光元年二月丙辰晦，日有食之。*七月癸未，先晦一日，日有食之，在翼八度	*-134-03-25* -134-08-19
（武帝）元朔二年二月乙巳晦，日有食之，在胃三度	-127-04-06
（武帝元朔）六年十一月癸丑晦，日有食之	-123-01-23
（武帝）元狩元年五月乙巳晦，日有食之，在柳六度	-122-07-09
（武帝）元鼎五年四月丁丑晦，日有食之，在东井二十三度	-112-06-18
（武帝）元封四年六月己酉朔，日有食之	*-107-06-24*
（武帝）太始元年正月乙巳晦，日有食之	*-96-02-22*
（武帝太始）四年十月甲寅晦，日有食之，在斗十九度	*-93-12-12*
（武帝）征和四年八月辛酉晦，日有食之，不尽如钩，在亢二度。晡时食从西北，日下晡时复	-89-09-29
昭帝始元三年十一月壬辰朔，日有食之，在斗 9 度，燕地也	-84-12-03
（昭帝）元凤元年七月己亥晦，日有食之，几尽，在张十二度	-80-09-20
宣帝地节元年十二月癸亥晦，日有食之，在营室十五度	-68-02-13
（宣帝）五凤元年十二月乙酉朔，日有食之，在婺女十度	-56-01-03
（宣帝五凤）四年四月辛丑朔，日有食之，在毕十九度。是为正月朔，慝未作，《左氏》以为重异	-54-05-09
元帝永光二年三月壬戌朔，日有食之，在娄八度	-42-03-28
（元帝永光）四年六月戊寅晦，日有食之，在张七度	-40-07-31
（元帝）建昭五年六月壬申晦，日有食之，不尽如钩，因入	*-34-08-23*

（续表）

日食记录	公历日期
成帝建始三年十二月戊申朔，日有食之，其夜未央殿中地震。谷永对曰：日食婺女九度，占在皇后	–29–01–05
（成帝）河平元年四月己亥晦，日有食之，不尽如钩，在东井六度	–28–06–19
（成帝河平）三年八月乙卯晦，日有食之，在房	–26–10–23
（成帝河平）四年三月癸丑朔，日有食之，在昴	–25–04–18
（成帝）阳朔元年二月丁未晦，日有食之，在胃	–24–04–07
（成帝）永始元年九月丁巳晦，日有食之	–16–11–01
（成帝）永始二年二月乙酉晦，日有食之	–15–03–29
（成帝永始）三年正月己卯晦，日有食之	–14–03–18
（成帝永始）四年七月辛未晦，日有食之	–13–08–31
（成帝）元延元年正月己亥朔，日有食之	–12–01–26
哀帝元寿元年正月辛丑朔，日有食之，不尽如钩，在营室十度	–2–02–05
（哀帝元寿）二年三月壬辰晦，日有食之	*–1–05–21*
平帝元始元年五月丁巳朔，日有食之，在东井	1–06–10
（平帝元始）二年九月戊申晦，日有食之，既	2–11–23

表 1–2 《后汉书·五行志》所载日食记录表

日食记录	公历日期
光武帝建武二年正月甲子朔，日有蚀之，在危八度	26–02–06
（光武帝建武）三年五月乙卯晦，日有蚀之，在柳十四度	27–07–22
（光武帝建武）六年九月丙寅晦，日有蚀之。史官不见，郡以闻。在尾八度	30–11–14
（光武帝建武）七年三月癸亥晦，日有蚀之，在毕五度	31–05–10
（光武帝建武）十六年三月辛丑晦，日有蚀之，在昴七度	40–04–30
（光武帝建武）十七年二月乙未晦，日有蚀之，在胃九度	41–04–19

（续表）

日食记录	公历日期
（光武帝建武）二十二年五月乙未晦，日有蚀之，在柳七度，京都宿也	46-07-22
（光武帝建武）二十五年三月戊申晦，日有蚀之，在毕十五度	49-05-20
（光武帝建武）二十九年二月丁巳朔，日有蚀之，在东壁五度	53-03-09
（光武帝建武）三十一年五月癸酉晦，日有蚀之，在柳五度，京都宿也	55-07-13
（光武帝）中元元年十一月甲子晦，日有蚀之，在斗二十度	56-12-25
明帝永平三年八月壬申晦，日有蚀之，在氐二度	60-10-13
（明帝永平）八年十月壬寅晦，日有蚀之，既，在斗十一度	65-12-16
（明帝永平）十三年十月甲辰晦，日有蚀之，在尾十七度	*70-11-22*
（明帝永平）十六年五月戊午晦，日有蚀之，在柳十五度	73-07-23
（明帝永平）十八年十一月甲辰晦，日有蚀之，在斗二十一度	75-12-26
章帝建初五年二月庚辰朔，日有蚀之，在东壁八度	80-03-10
（章帝建初）六年六月辛未晦，日有蚀之，在翼六度	81-08-23
（章帝）章和元年八月乙未晦，日有蚀之。史官不见，佗官以闻。日在氐四度	87-10-15
和帝永元二年二月壬午，日有蚀之。史官不见，涿郡以闻。日在奎八度	90-03-20
（和帝永元）四年六月戊戌朔，日有蚀之，在七星二度，主衣裳	92-07-23
（和帝永元）七年四月辛亥朔，日有蚀之，在觜觿，为葆旅，主收敛	95-05-22
（和帝永元）十二年秋七月辛亥朔，日有蚀之，在翼八度，荆州宿也	100-08-23
（和帝永元）十五年四月甲子晦，日有蚀之，在东井二十二度	103-06-22
安帝永初元年三月二日癸酉，日有蚀之，在胃二度	107-04-11
（安帝永初）五年正月庚辰朔，日有蚀之，在虚八度	111-01-27
（安帝永初）七年四月丙申晦，日有蚀之，在东井一度	113-06-01

（续表）

日食记录	公历日期
（安帝）元初元年十月戊子朔，日有蚀之，在尾十度	114-11-15
（安帝元初）二年九月壬午晦，日有蚀之，在心四度	115-11-04
（安帝元初）三年三月二日辛亥，日有蚀之，在娄五度。史官不见，辽东以闻	116-04-01
（安帝元初）四年二月乙巳朔，日有蚀之，在奎九度。史官不见，七郡以闻	117-03-21
（安帝元初）五年八月丙申朔，日有蚀之，在翼十八度。史官不见，张掖以闻	118-09-03
（安帝元初）六年十二月戊午朔，日有食之，几尽，地如昏状。在须女十一度，女主恶之	120-01-18
（安帝）永宁元年七月乙酉朔，日有蚀之，在张十五度。史官不见，酒泉以闻	*120-08-12*
（安帝）延光三年九月庚申晦，日有蚀之，在氐十五度	124-10-25
（安帝延光）四年三月戊午朔，日有蚀之，在胃十二度	125-04-21
顺帝永建二年七月甲戌朔，日有蚀之，在翼九度	127-08-25
（顺帝）阳嘉四年闰月丁亥朔，日有蚀之，在角五度。史官不见，零陵以闻	135-09-25
（顺帝）永和三年十二月戊戌朔，日有独之，在须女十一度。史官不见，会稽以闻	139-01-18
（顺帝永和）五年五月己丑晦，日有蚀之，在东井三十三度	140-07-02
（顺帝永和）六年九月辛亥晦，日有蚀之，在尾十一度	141-11-16
桓帝建和元年正月辛亥朔，日有蚀之，在营室三度。史官不见，郡国以闻	147-02-18
（桓帝建和）三年四月丁卯晦，日有蚀之，在东井二十三度	149-06-23
（桓帝）元嘉二年七月二日庚辰，日有蚀之，在翼四度。史官不见，广陵以闻	*152-08-19*
（桓帝）永兴二年九月丁卯朔，日有蚀之，在角五度	154-09-25
（桓帝）永寿三年闰月庚辰晦，日有蚀之，在七星二度。史官不见，郡国以闻，例在永元四年	157-07-24
（桓帝）延熹元年五月甲戌晦，日有蚀之，在柳七度，京都宿也	158-07-13
（桓帝延熹）八年正月丙申晦，日有蚀之，在营室十三度	165-02-28

（续表）

日食记录	公历日期
（桓帝延熹）九年正月辛卯朔，日有蚀之，在营室三度。史官不见，郡国以闻	166–02–18
（桓帝）永康元年五月壬子晦，日有蚀之，在舆鬼一度	167–07–04
灵帝建宁元年五月丁未朔，日有蚀之	168–06–23
（灵帝建宁元年）冬十月甲辰晦，日有蚀之	168–12–17
（灵帝建宁）二年十月戊戌晦，日有蚀之	169–12–06
（灵帝建宁）三年三月丙寅晦，日有蚀之	*170–05–03*
（灵帝建宁）四年三月辛酉朔，日有蚀之	171–04–23
（灵帝）熹平二年十二月癸酉晦，日有蚀之，在虚二度	*174–02–18*
（灵帝熹平）六年十月癸丑朔，日有蚀之。赵相以闻	*177–11–09*
（灵帝）光和元年二月辛亥朔，日有蚀之	*178–03–07*
（灵帝光和元年）十月丙子晦，日有蚀之，在箕四度	178–11–27
（灵帝光和）二年四月甲戌朔，日有蚀之	179–05–24
（灵帝光和）四年九月庚寅朔，日有蚀之，在角六度	181–09–26
（灵帝）中平三年五月壬辰晦，日有蚀之	186–07–04
（灵帝中平）六年四月丙午朔，日有蚀之	189–05–03
献帝初平四年正月甲寅朔，日有蚀之，在营室四度	193–02–19
（献帝）兴平元年六月乙巳晦，日有蚀之	194–08–04
（献帝）建安五年九月庚午朔，日有蚀之	200–09–26
（献帝建安）六年二月丁卯朔，日有蚀之	201–03–22
（献帝建安）十三年十月癸未朔，日有蚀之，在尾十二度	208–10–27
（献帝建安）十五年二月乙巳朔，日有蚀之	210–03–13
（献帝建安）十七年六月庚寅晦，日有蚀之	212–08–14

（续表）

日食记录	公历日期
（献帝建安）二十一年五月己亥朔，日有蚀之	216-06-03
（献帝建安）二十四年二月壬子晦，日有蚀之	219-04-02

结合史料[1]和前人研究[2]，并以天文软件 SkyMap Pro 11[3] 重新校验回推日食信息，对《汉书·五行志》和《后汉书·五行志》中 126 次日食记录的真实性进行考察。

按《汉书·五行志》载："凡汉著纪十二世，二百一十二年，日食五十三，朔十四，晦三十六，先晦一日三。"[4] 对照《汉书·五行志》中的日食记录，发现其日食记录实载 54 条，与"日食五十三，朔十四，晦三十六，先晦一日三"的说法不符。在《汉书·五行志》记载的 54 条日食记录中，朔日 14 条，晦日 37 条，先晦一日 3 条，明显少算 1 条晦日日食。对此，笔者认为该日食记录可能在撰写《五行志》时已被当作错误记录，故而不算入西汉日食的总计数。至于此条未计入日食总数的日食记录具体是哪一条，笔者也有一些猜测。

查阅《史记》《汉书》《汉纪》的记载与之对照，有两条晦日日食记录在《史记》《汉书》《汉纪》中均未载，分别是"（景帝）中元年十二

[1]（西汉）司马迁．史记 [M]. 北京：中华书局，1965；（东汉）班固．汉书 [M]. 北京：中华书局，1965；（南朝宋）范晔．后汉书 [M]. 北京：中华书局，1965；（东汉）荀悦．汉纪 [M]. 北京：中华书局，2002.

[2] 李勇．两汉《五行志》中的日食记录研究 [J]. 天文学报，2015，56（5）：491–504；陈久金．中国古代日食时刻记录的换算和精度分析 [J]. 自然科学史研究，1983，2（4）：303–315；刘次沅，马莉萍．朱文鑫《历代日食考》研究 [J]. 时间频率学报，2008，31（1）：73–80；马莉萍．中国古代交食的宿度记录及其算法 [D]. 西安：中国科学院研究生院，2007. 32–44；等等。

[3] 版本为 SkyMap Pro 11.0.4。

[4]（东汉）班固．汉书·五行志 [M]. 北京：中华书局，1965，1506.

月甲寅晦，日有食之”和“(武帝)元光元年二月丙辰晦，日有食之”两条。并且根据现代天文学的回推，此两条日食记录都属错误记录，即景帝中元年十二月甲寅晦日（–149–02–10）和武帝元光元年二月丙辰晦日（–134–03–25）都没有发生日食。因此笔者认为此两条日食记录中应有一条被算作了错误记录。

在《汉书·五行志》记载的 54 条日食记录中，有 16 条错误记录，其中 4 条前人已分析出错误原因并予以修正。这部分内容前人已有详细的考证，这里不再赘述，错误的日食记录已在表 1–3 中用斜体显示。因为本处主要对日食记录的所在宿度进行分析，这里仅对 16 条错误日食记录中的 6 条附有日食宿度的记录进行简单的说明。这 6 条错误的日食记录分别如下所示。

（高帝三年）十一月癸卯晦，日有食之，在虚三度，齐地也。

惠帝七年正月辛丑朔，日有食之，在危十三度。

（文帝三年）十一月丁卯晦，日有食之，在虚八度。

（文帝）后四年四月丙辰晦，日有食之，在东井十三度。

武帝建元二年二月丙戌朔，日有食之，在奎十四度。

（武帝太始）四年十月甲寅晦，日有食之，在斗十九度。

其中最后一条日食记录前人已做修正，“武帝太始四年十月甲寅晦”实为其年“十一月朔日”，对应公历日期为公元前 93 年 12 月 12 日，日食实际发生在此日。[1] 其余 5 条日食记录为无法修正的错误记录。

而在《后汉书 · 五行志》记载的 72 条日食记录中，有 7 条错误记录，其中 3 条前人已进行解释和修正。同样地，对 7 条错误记录中的 4 条附有日食宿度的记录进行说明。

[1] 邢钢，石云里．汉代日食记录的可靠性分析：兼用日食对汉代历法的精度进行校验 [J]. 中国科技史杂志，2005，26（2）：107–127，112.

（明帝永平）十三年十月甲辰晦，日有蚀之，在尾十七度。

（安帝）永宁元年七月乙酉朔，日有蚀之，在张十五度。史官不见，酒泉以闻。

（桓帝）元嘉二年七月二日庚辰，日有蚀之，在翼四度。史官不见，广陵以闻。

（灵帝）熹平二年十二月癸酉晦，日有蚀之，在虚二度。

其中首尾两条日食记录前人已给出解释修正。首条“明帝永平十三年十月甲辰晦，日有蚀之，在尾十七度”中，十月朔日为甲辰，对应公历时期公元 70 年 11 月 22 日，十月晦日为癸酉，对应公历日期 70 年 12 月 21 日，此年日食实际发生在永平十三年闰七月甲辰晦，对应公历日期 70 年 9 月 23 日。尾条“灵帝熹平二年十二月癸酉晦，日有蚀之，在虚二度”中，十二月晦日为甲戌，癸酉为先晦一日，甲戌日对应公历日期 174 年 2 月 19 日，癸酉对应公历日期 174 年 2 月 18 日，此年日食实际发生在甲戌日。[1] 而中间两条则是无法修正的错误记录。

另外在前人进行解释修正的 3 条错误日食记录中，关于“(灵帝熹平)六年十月癸丑朔，日有蚀之。赵相以闻”，按邢钢和石云里的解释：“这一年十月癸丑朔没有中国境内可见的日食发生，日食实际上是发生在其后一个月的十一月壬午朔（公元 177 年 12 月 8 日），而且这次日食在都城洛阳是不可见的，但是在北京等中国北部一些地区则可以观测到小食分的日食，这也与《后汉书·五行六》中对这次日食的记载‘日有蚀之，赵相以闻’相一致。”[2] 而《后汉书·孝灵帝纪》中记载：“（熹平六年）冬

[1] 邢钢，石云里．汉代日食记录的可靠性分析：兼用日食对汉代历法的精度进行校验 [J]. 中国科技史杂志，2005，26（2）：107–127，113.

[2] 邢钢，石云里．汉代日食记录的可靠性分析：兼用日食对汉代历法的精度进行校验 [J]. 中国科技史杂志，2005，26（2）：107–127，111.

十月癸丑朔，日有食之。太尉刘宽免。帝临辟雍。辛丑，京师地震。辛亥，令天下系囚罪未决，入缣赎。十一月，司空陈球免。"[1] 因熹平六年十月为小月，辛巳为十月晦日，则辛丑和辛亥都在十一月。按照史书记载的习惯，辛丑、辛亥既在十一月，则其前应先写"十一月"。以此来看，此条记载的正确开头应是"冬十一月壬午朔，日有食之"，这一天也恰是日食真实发生的一天。

总体而言，"五行志"中附日食宿度（日食）记录的错误率远低于未附日食宿度记录的错误率[2]，这在某种程度上说明附日食宿度的日食记录更为可靠，更可能来源于实际观测。分时段来看，西汉的附日食宿度记录错误率约为 16.2%，修正之后约为 5.4%；东汉错误率约为 7.3%，修正后约为 3.6%。尽管西汉附日食宿度记录的错误率较高，但细究记录时间会发现，太初改历之后仅有 1 条附日食宿度记录有误，并且已被修正。这也表明后文对附日食宿度记录的整体数据分析是可行且有效的。

2. 汉代日食宿度的来源问题

对于附宿度的日食记录，通常有两方面的关注：日食宿度的准确度和来源。前者相对容易，只需要以现代天文学的回推日食宿度数据为理论值并进行误差分析即可，过去已有学者做过这项工作[3]。但单纯的误差分析并不能显示准确度的真实含义，因为这些日食宿度的来源尚不确定，如果其与观测无关，而是由某种计算方法推算而得，那么其精确度实际上就只是某种历算精度，关于这些，过去学者在研究历法内容时早

[1]（南朝宋）范晔．后汉书 [M]. 北京：中华书局，1965：340.

[2] 附日食宿度日食记录共 92 条，其中错误记录 10 条，错误率 10.9%；未附日食宿度日食记录共 34 条，其中错误记录 13 条，错误率 38.2%。

[3] 马莉萍．中国古代交食的宿度记录及其算法 [D]. 西安：中国科学院研究生院，2007：40.

已解决。因此，只有探明这些日食宿度从何而得，才能了解其准确度的实质。

对于汉代日食宿度的来源，并无史料记载，因此只能通过其他方法进行探析，目前最有效的方法是对“五行志”中日食宿度记录进行分析。这里先将附宿度的日食记录整理成表1–3。（错误记录用斜体显示）

表1–3 《汉书·五行志》和《后汉书·五行志》中的日食宿度表

记录	公历时间
高帝三年十月甲戌晦，日有食之，在斗二十度，燕地也	–205–12–20
（高帝三年）十一月癸卯晦，日有食之，在虚三度，齐地也	*–204–01–18*
（高帝）九年六月乙未晦，日有食之，既，在张十三度	–198–08–07
惠帝七年正月辛丑朔，日有食之，在危十三度	*–188–02–21*
（惠帝七年）五月丁卯，先晦一日，日有食之，几尽，在七星初	–188–07–17
（高后）七年正月己丑晦，日有食之，既，在营室九度，为宫室中	–181–03–04
文帝二年十一月癸卯晦，日有食之，在婺女一度	–178–01–02
（文帝）三年十月丁酉晦，日有食之，在斗二十二度	–178–12–22
（文帝三年）十一月丁卯晦，日有食之，在虚八度	*–177–01–21*
（文帝）后四年四月丙辰晦，日有食之，在东井十三度	*–160–06–09*
景帝三年二月壬午晦，日有食之。在胃二度	–154–04–05
（景帝）七年十一月庚寅晦。日有食之，在虚九度	–150–01–22
（景帝中）三年九月戊戌晦，日有食之。几尽，在尾九度	–147–11–10
（景帝中）六年七月辛亥晦，日有食之，在轸七度	–144–09–08
（景帝）后元年七月乙巳，先晦一日，日有食之，在翼十七度	–143–08–28
武帝建元二年二月丙戌朔，日有食之，在奎十四度	*–139–03–21*
（武帝建元）三年九月丙子晦，日有食之，在尾二度	–138–11–01

（续表）

记录	公历时间
（武帝）元光元年……七月癸未，先晦一日，日有食之，在翼八度	–134–08–19
（武帝）元朔二年二月乙巳晦，日有食之，在胃三度	–127–04–06
（武帝）元狩元年五月乙巳晦，日有食之，在柳六度	–122–07–09
（武帝）元鼎五年四月丁丑晦，日有食之，在东井二十三度	–112–06–18
（武帝太始）四年十月甲寅晦，日有食之，在斗十九度	–93–12–12
（武帝）征和四年八月辛酉晦，日有食之，不尽如钩，在亢二度	–89–09–29
昭帝始元三年十一月壬辰朔，日有食之，在斗 9 度，燕地也	–84–12–03
（昭帝）元凤元年七月己亥晦，日有食之，几尽，在张十二度	–80–09–20
宣帝地节元年十二月癸亥晦，日有食之，在营室十五度	–68–02–13
（宣帝）五凤元年十二月乙酉朔，日有食之，在婺女十度	–56–01–03
（宣帝五凤）四年四月辛丑朔，日有食之，在毕十九度	–54–05–09
元帝永光二年三月壬戌朔，日有食之，在娄八度	–42–03–28
（元帝永光）四年六月戊寅晦，日有食之，在张七度	–40–07–31
成帝建始三年十二月戊申朔，日有食之，其夜未央殿中地震。谷永对曰：日食婺女九度，占在皇后	–29–01–05
（成帝）河平元年四月己亥晦，日有食之，不尽如钩，在东井六度	–28–06–19
（成帝河平）三年八月乙卯晦，日有食之，在房	–26–10–23
（成帝河平）四年三月癸丑朔，日有食之，在昴	–25–04–18
（成帝）阳朔元年二月丁未晦，日有食之，在胃	–24–04–07
哀帝元寿元年正月辛丑朔，日有食之，不尽如钩，在营室十度	–2–02–05
平帝元始元年五月丁巳朔，日有食之，在东井	1–06–10
光武帝建武二年正月甲子朔，日有蚀之，在危八度	26–02–06
（光武帝建武）三年五月乙卯晦，日有蚀之，在柳十四度	27–07–22

（续表）

记录	公历时间
（光武帝建武）六年九月丙寅晦，日有蚀之。史官不见，郡以闻。在尾八度	30–11–14
（光武帝建武）七年三月癸亥晦，日有蚀之，在毕五度	31–05–10
（光武帝建武）十六年三月辛丑晦，日有蚀之，在昴七度	40–04–30
（光武帝建武）十七年二月乙未晦，日有蚀之，在胃九度	41–04–19
（光武帝建武）二十二年五月乙未晦，日有蚀之，在柳七度，京都宿也	46–07–22
（光武帝建武）二十五年三月戊申晦，日有蚀之，在毕十五度	49–05–20
（光武帝建武）二十九年二月丁巳朔，日有蚀之，在东壁五度	53–03–09
（光武帝建武）三十一年五月癸酉晦，日有蚀之，在柳五度，京都宿也	55–07–13
（光武帝）中元元年十一月甲子晦，日有蚀之，在斗二十度	56–12–25
明帝永平三年八月壬申晦，日有蚀之，在氐二度	60–10–13
（明帝永平）八年十月壬寅晦，日有蚀之，既，在斗十一度	65–12–16
（明帝永平）十三年十月甲辰晦，日有蚀之，在尾十七度	*70–11–22*
（明帝永平）十六年五月戊午晦，日有蚀之，在柳十五度	73–07–23
（明帝永平）十八年十一月甲辰晦，日有蚀之，在斗二十一度	75–12–26
章帝建初五年二月庚辰朔，日有蚀之，在东壁八度	80–03–10
（章帝建初）六年六月辛未晦，日有蚀之，在翼六度	81–08–23
（章帝）章和元年八月乙未晦，日有蚀之。史官不见，佗官以闻。日在氐四度	87–10–15
和帝永元二年二月壬午，日有蚀之。史官不见，涿郡以闻。日在奎八度	90–03–20
（和帝永元）四年六月戊戌朔，日有蚀之，在七星二度，主衣裳	92–07–23
（和帝永元）七年四月辛亥朔，日有蚀之，在觜觿，为葆旅，主收敛	95–05–22
（和帝永元）十二年秋七月辛亥朔，日有蚀之，在翼八度，荆州宿也	100–08–23

（续表）

记录	公历时间
（和帝永元）十五年四月甲子晦，日有蚀之，在东井二十二度	103-06-22
安帝永初元年三月二日癸酉，日有蚀之，在胃二度	107-04-11
（安帝永初）五年正月庚辰朔，日有蚀之，在虚八度	111-01-27
（安帝永初）七年四月丙申晦，日有蚀之，在东井一度	113-06-01
（安帝）元初元年十月戊子朔，日有蚀之，在尾十度	114-11-15
（安帝元初）二年九月壬午晦，日有蚀之，在心四度	115-11-04
（安帝元初）三年三月二日辛亥，日有蚀之，在娄五度。史官不见，辽东以闻	116-04-01
（安帝元初）四年二月乙巳朔，日有蚀之，在奎九度。史官不见，七郡以闻	117-03-21
（安帝元初）五年八月丙申朔，日有蚀之，在翼十八度。史官不见，张掖以闻	118-09-03
（安帝元初）六年十二月戊午朔，日有食之，几尽，地如昏状。在须女十一度，女主恶之	120-01-18
（安帝）永宁元年七月乙酉朔，日有蚀之，在张十五度。史官不见，酒泉以闻	*120-08-12*
（安帝）延光三年九月庚申晦，日有蚀之，在氐十五度	124-10-25
（安帝延光）四年三月戊午朔，日有蚀之，在胃十二度	125-04-21
顺帝永建二年七月甲戌朔，日有蚀之，在翼九度	127-08-25
（顺帝）阳嘉四年闰月丁亥朔，日有蚀之，在角五度。史官不见，零陵以闻	135-09-25
（顺帝）永和三年十二月戊戌朔，日有独之，在须女十一度。史官不见，会稽以闻	139-01-18
（顺帝永和）五年五月己丑晦，日有蚀之，在东井三十三度	140-07-02
（顺帝永和）六年九月辛亥晦，日有蚀之，在尾十一度	141-11-16
桓帝建和元年正月辛亥朔，日有蚀之，在营室三度。史官不见，郡国以闻	147-02-18
（桓帝建和）三年四月丁卯晦，日有蚀之，在东井二十三度	149-06-23
（桓帝）元嘉二年七月二日庚辰，日有蚀之，在翼四度。史官不见，广陵以闻	*152-08-19*

（续表）

记录	公历时间
（桓帝）永兴二年九月丁卯朔，日有蚀之，在角五度	154-09-25
（桓帝）永寿三年闰月庚辰晦，日有蚀之，在七星二度。史官不见，郡国以闻，例在永元四年	157-07-24
（桓帝）延熹元年五月甲戌晦，日有蚀之，在柳七度，京都宿也	158-07-13
（桓帝延熹）八年正月丙申晦，日有蚀之，在营室十三度	165-02-28
（桓帝延熹）九年正月辛卯朔，日有蚀之，在营室三度。史官不见，郡国以闻	166-02-18
（桓帝）永康元年五月壬子晦，日有蚀之，在舆鬼一度	167-07-04
（灵帝）熹平二年十二月癸酉晦，日有蚀之，在虚二度	*174-02-18*
（灵帝光和元年）十月丙子晦，日有蚀之，在箕四度	178-11-27
（灵帝光和）四年九月庚寅朔，日有蚀之，在角六度	181-09-26
献帝初平四年正月甲寅朔，日有蚀之，在营室四度	193-02-19
（献帝建安）十三年十月癸未朔，日有蚀之，在尾十二度	208-10-27

就日食宿度而言，汉代人获取的方法十分有限，分类来看只有三种可能：一是直接观测获得；二是完全由历法推算获得；三是观测结合计算获得。

先来看直接观测获得日食宿度的可能。就古代的观测技术而言，日食宿度不可能直接观测得到，因为日食时天幕全黑的时间很短，用浑仪难以直接测定出日食时的太阳宿度。另外大部分日食并非日全食，因此无法通过浑仪校准恒星来测定太阳宿度。所以，可以排除汉代日食宿度记录仅凭借观测获得的可能。

对于日食宿度记录完全由历法推算而得这种可能，马莉萍曾提出一个想法：汉代的日食宿度或许是后人加注，因此考虑历法推算可能时应将祖冲之《大明历》前的所有历法都纳入考量。[1] 从分析完备性的角度看，这是合理的做法，并且马莉萍通过数据分析排除了后人加注的可能。事实上，后人加注不太可能还有另一个原因。参看《汉书》和《后汉书》"五行志"中的日食记录，共计 126 条，其中附有日食宿度的日食记录仅有 92 条。若日食宿度是后人加注，则难以解释为何漏加注其余 34 条日食记录，并且这 34 条日食记录并无明显特征（比如都是错误信息，或者集中于某个时段）。因此这些日食宿度记录仍是汉代人所记，并有两种可能情形：一种是日食发生后短时间内（比如数日内）记录下日食宿度，后人编史时直接抄录；另一种是后人编史时对日食宿度进行修改，但非直接改正数据，而是考虑术语等方面的转录，比如前代用甘氏二十八宿，今用石氏，则部分宿度会在转换后记录。因此，本节在考察"日食宿度由历法推算所得"可能时只需要考虑汉初历法和《太初历》《三统历》《后汉四分历》四部历法 [2]。

为了方便读者理解，在数据分析前，简要介绍一下推算日食宿度的方法。《太初历》基本内容同《三统历》，而在《三统历》和《后汉四分历》中，都有推合朔时日所在度的方法。《三统历》中称"推合晨所在星"，《后汉四分历》中称"推合朔日月所在度"，其实质都是推定合朔时太阳和月亮的位置。这两种推算都需要以统首时刻日月所在位置为基点，根据入蔀年首先算出其年天正朔日的合朔时刻；再根据"日行一度"的准则，推算出其年天正合朔时距离统首时刻日月所在位置的距离，对照其时的二十八宿赤道度数表，即可得到年天正合朔时太阳的所在宿度；

[1] 马莉萍．中国古代交食的宿度记录及其算法 [D]. 西安：中国科学院研究生院，2007：40.

[2] 实际上，马莉萍在文章中考虑过汉代之后几部历法的推算情况，结果皆不合。

最后根据日食记录日期（以干支纪日为准[1]，其后计算若无说明，皆按此标准）和“日行一度”准则算出其年日食时的太阳所在宿度。

实际推算中，有四个问题需要注意。

（1）上述步骤的计算基准点是其年天正合朔时刻，但古人计算时也可能以冬至时刻为计算基准点，两种算法皆可使用。但如果粗略地按逐日法（这里指用所求日和计算基准点相隔的整数日数当作太阳在这期间行走的度数[2]）计算，两种方法所推结果可能会有1度的偏差。[3]但如果严格以某一时刻点作为测定点，两种方法的计算结果会相同。比如选定每日0时作为测定点，即算出所求日0时的太阳所在宿度，并以此作为当日的日所在，后续分析中笔者将考虑这三种情况。

（2）用历法推算太阳所在宿度，需要先确定统首时刻日月所在位置，汉初历法[4]以立春在营室五度，《太初历》以冬至在建星（或牵牛前五度），《三统历》以冬至在牵牛初度[5]，《后汉四分历》定冬至为斗二十一度四分度之一。

（3）做误差分析时，应当采用古人的推算方法，而非直接使用现代计算方法。

[1] 尽管本节后续计算中的计日都以干支纪日为准，但在具体分析中可能会涉及以阴历纪日为准的计日，主要针对推测计日发生错误的情形。

[2] 后文逐日法的用法也以此为准。

[3] 这是因为太阳所在宿度在1日中可能有两个度数，比如某天上午太阳所在宿度在斗21度，下午在斗22度，以合朔时刻为基准点的方法按逐日法计算可能在斗21度，而以冬至时刻为基准点的方法按逐日法计算可能在斗22度。当然，如果严格以日食食甚时刻为准，那么太阳所在宿度只会有一个结果。

[4] 尽管汉初历法有一些细节不明，但它的历元是相对确定的，以己巳朔旦立春为历元，日月起于营室五度。参见《中国古代历法》p214。

[5] 薄树人．试探三统历和太初历的不同点[J]. 自然科学史研究，1983（2）：133-138.

（4）近年来出土的西汉简牍表明汉初历法的朔闰表与《颛项历》所推不合[1]，为此各家提供了不同的推算方案。目前来看，陈久金、陈美东的方案最佳[2]，但此种方案并无史证，因此笔者在推算时使用《颛项历》的参数。（尽管二陈方案和《颛项历》的参数不同，但它们最终计算结果一致）

为了方便读者审校，这里以《汉书·五行志》中记载的第一条西汉日食宿度记录为例，演示两种计算基准点的推算过程。

（1）以正月合朔时刻为计算基准点。[3]按《汉书·五行志》记载“高帝三年十月甲戌晦，日有食之，在斗二十度，燕地也”，对应公历时间为公元前105年12月20日；按《颛项历》回推，其年正月甲戌晦为十一月甲戌朔，即当日正好为天正合朔日。设上元至所求历日之年为S，S为所求之年的入统岁数，N为统首时刻至所求年岁前十一月的积月数，T为闰余，n为统首时刻至所求年天正月朔的积日数，t可称为月余[4]，n'为所求年正月朔日的干支日名，D为天正合朔时离统首时刻日

[1] 这一批出土的简牍包括银雀山汉简元光元年历谱、张家山汉简、孔家坡汉简、胡家草场历简等。

[2] 这里需要说明，过去学者考校方案时基本以张培瑜1997年出版的《三千五百年历日天象》为准，如胡家草场历简中汉景帝前元三年和汉武帝元狩六年的历日排布与《三千五百年历日天象》不合（参见李志芳和程少轩的《胡家草场历简的重要价值》，文章首发于简帛网的汉简专栏），以此判断张培瑜方案有误。但张培瑜于2007年发表的《根据新出历日简牍试论秦和汉初的历法》（首发于《中原文物》2007年第5期）中给出过新朔闰表，其中汉景帝前元三年和汉武帝元狩六年的历日排布与胡家草场历简相合。但经笔者考证，其汉元帝后元七年（公元前157年）的历日安排与胡家草场历简有一处不合，其年九月朔日胡家草场历简为丁卯，张培瑜新表中为戊辰。据此可知张培瑜方案仍不足。

[3] 这是因为《颛项历》的历元为正月朔旦立春，与后来的《三统历》历元为十一月朔旦冬至不同。

[4] 此名称为笔者根据数据含义所起，史料中并无对应。

月所在位置的距离。对此例则有

$$S=[S\div 4560]_R=[1302\div 4560]_R=1302$$

$$S\times 235\div 19=N+\frac{T}{19}=16103+\frac{13}{19}$$

$$(N+1)\times 27759\div 940=n+\frac{t}{940}=475564+\frac{776}{940}$$

$$n'=[n\div 60]_R=4$$

$$D=\frac{\left[\left(n+\frac{t}{940}\right)\div\frac{1461}{4}\right]_R}{4}=9+\frac{306}{940}$$

因为《颛顼历》以正月朔旦立春为历元，其置闰计算较复杂，按固定冬至在十一月的要求，可知高帝三年年前有闰月，称为后九月[1]，故计算积月时加 1。n' 为 4，以己巳算外，则高帝三年正月朔日为癸酉，与高帝三年十月甲戌相差 59 日。又 D 为 9.33 度，即此正月朔日与营室五度相隔 9.33 度[2]，则高帝三年正月朔日太阳在营室十四度，按“日行一度”和《三统历》的二十八宿赤道度数表[3]（表 1–4）计算，得高帝三年十月甲戌太阳在牛二度。

以此条为例，比较《颛顼历》参数和二陈方案的计算结果。此条以《颛顼历》推高帝三年正月朔日为癸酉，与史料所示的正月朔日甲戌相差 1 日。若按二陈方案，可得高帝三年正月朔日甲戌，其太阳在营室十五度，因与高帝三年十月甲戌相差 60 日，最后仍得高帝三年十月甲戌太阳在牛二度。实际上，都以干支纪日为准进行推算时，二陈方案和《颛顼历》推算方法所推太阳所在宿度结果相同。

---

[1]《颛顼历》的置闰计算可参见《中国古代历法》P216 ～ 236。

[2] 这里要注意，汉代的一度是一段区间，而非一个点，因此斗二十一度四分度之一，常写作斗二十一点二五度，实际上应算作斗二十二度。但考虑相隔度数的换算，比如与营室五度相隔 1.2 度，是营室六度，而非营室七度。

[3] 此表以《三统历》给出的二十八宿宿度表为准，其周天尾数的分配宿按《元史·历志一》记载为斗宿。

表 1–4　汉代二十八宿宿度表

二十八宿	赤道宿度度数（度）
角	12
亢	9
氐	15
房	5
心	5
尾	18
箕	11
斗	26.25[1]
牛	8
女	12
虚	10
危	17
室	16
壁	9
奎	16
娄	12
胃	14
昴	11
毕	16
觜	2
参	9
井	33
鬼	4
柳	15
星	7

[1] 按《三统历》的周天数，此处应为 $26\frac{385}{1539}$ 度。但按《后汉四分历》周天数，则为 26.25 度。两者相差很小，在汉代此误差可以忽略，为简便，此处只写 26.25 度。

（续表）

二十八宿	赤道宿度度数（度）
张	18
翼	18
轸	17

（2）以立春时刻为计算基准点。此方案的计算更为简便，同样以“高帝三年十月甲戌晦，日有食之，在斗二十度，燕地也”此条为例，《颛顼历》为四分历体系，所以一回归年长度为 365.25 日。设上元至所求历日之年为 S，s 为所求之年的入统岁数，N 为统首时刻至所求年岁前十一月的积月数，T 为闰余，n 为统首时刻至所求年立春的积日数，t 可称为月余，n' 为所求年立春的干支日名，D 为立春时离统首时刻日月所在位置的距离，对此例有

$$S=[S\div 4560]_R=[1302\div 4560]_R=1302$$

$$n+\frac{t}{940}=s\times 365.25=475555+\frac{470}{940}$$

$$n'=[n\div 60]_R=55$$

$$D=\frac{\left[\left(n+\dfrac{t}{940}\right)\div\dfrac{1461}{4}\right]_R}{4}=0$$

n' 为 55，以己巳算外，则高帝三年立春为甲子，与高帝三年十月甲戌相差 50 日，又 D 为 0 度，则高帝三年立春太阳在营室五度，按“日行一度”和《三统历》的二十八宿赤道度数表（表 1–4）计算，得高帝三年十月甲戌太阳在牛二度。

若以甲戌日夜半（即 0 时）作为测定点，则计算时还需要考虑立春日的气小余，最后结果为高帝三年十月甲戌太阳在牛一度。

这里若用《三统历》回推，以甲戌日夜半为测定点（即计算夜半时的太阳所在宿度），冬至点在牵牛初度，按天正合朔为计算基准点结果

为斗二十二度，按冬至时刻为计算基准点结果为斗二十三度，与记录中的斗二十度皆不合。[1] 并且,《三统历》回推的计算结果与史料记录（西汉时期）皆不合，可见这部分日食宿度记录不是后人根据《三统历》推算得到。

为了便于对照，将《汉书・五行志》和《后汉书・五行志》的日食宿度和历法推算日以表 1–5（错误记录用斜体显示）列出。为了更好地展示推算与记录的区别，表中也列出各推算方法的误差值。

表 1–5 《汉书・五行志》和《后汉书・五行志》中日食宿度的历法推算表

记录中的日食时间	公历时间（以干支纪日为准）	日食宿度记录（度）	合朔基准点逐日法推日所在（度）	冬至基准点逐日法推日所在（度）	夜半作为测定点推日所在（度）
			合朔基准点法误差(度)	冬至基准点法误差（度）	夜半作为测定点法误差(度)
高帝三年十月甲戌晦	−205–12–20	斗 20	牛 2	牛 2	牛 1
			8.25	8.25	7.25
（高帝三年）十一月癸卯晦	*−204–01–18*	*虚 3*	*危 1*	*危 1*	*虚 10*
			8	*8*	*7*
（高帝）九年六月乙未晦	−198–08–07	张 13	翼 2	翼 2	翼 2
			7	7	7
惠帝七年正月辛丑朔	*−188–02–21*	*危 13*	*壁 2*	*壁 2*	*壁 1*
			22	*22*	*21*
（惠帝七年）五月丁卯，先晦一日	−188–07–17	星 1	星 7	星 7	星 6
			6	6	5
（高后）七年正月己丑晦	−181–03–04	室 9	奎 4	奎 4	奎 3
			20	20	19
文帝二年十一月癸卯晦	−178–01–02	女 1	女 6	女 6	女 6
			5	5	5
（文帝）三年十月丁酉晦	−178–12–22	斗 22	牛 3	牛 3	牛 2
			7.25	7.25	6.25

[1] 这里之所以说合朔时刻和冬至时刻推算有差别，是因为《三统历》与《颛顼历》的历元不同。

（续表）

记录中的日食时间	公历时间（以干支纪日为准）	日食宿度记录（度）	合朔基准点逐日法推日所在（度）	冬至基准点逐日法推日所在（度）	夜半作为测定点推日所在（度）
			合朔基准点法误差（度）	冬至基准点法误差（度）	夜半作为测定点法误差（度）
（文帝三年）十一月丁卯晦	*−177−01−21*	*虚 8*	*危 2*	*危 3*	*危 2*
			4	*5*	*4*
（文帝）后四年四月丙辰晦	*−160−06−09*	*井 13*	*井 20*	*井 21*	*井 20*
			7	*8*	*7*
景帝三年二月壬午晦	−154−04−05	胃 2	胃 7	胃 7	胃 7
			5	5	5
（景帝）七年十一月庚寅晦	−150−01−22	虚 9	危 4	危 4	危 4
			5	5	5
（景帝中）三年九月戊戌晦	−147−11−10	尾 9	尾 16	尾 16	尾 16
			7	7	7
（景帝中）六年七月辛亥晦	−144−09−08	轸 7	轸 17	轸 17	轸 16
			10	10	9
（景帝）后元年七月乙巳，先晦一日	−143−08−28	翼 17	轸 5	轸 6	轸 5
			6	7	6
武帝建元二年二月丙戌朔	*−139−03−21*	*奎 14*	*娄 4*	*娄 5*	*娄 4*
			6	*7*	*6*
（武帝建元）三年九月丙子晦	−138−11−01	尾 2	尾 7	尾 7	尾 7
			5	5	5
（武帝）元光元年七月癸未，先晦一日	−134−08−19	翼 8	翼 14	翼 14	翼 14
			6	6	6
（武帝）元朔二年二月乙巳晦	−127−04−06	胃 3	胃 8	胃 9	胃 8
			5	6	5
（武帝）元狩元年五月乙巳晦	−122−07−09	柳 6	柳 13	柳 13	柳 13
			7	7	7
（武帝）元鼎五年四月丁丑晦	−112−06−18	井 23	井 30	井 30	井 29
			7	7	6
（武帝太始）四年十月甲寅晦	*−93−12−12*	*斗 19*	*斗 8（斗 14）*[1]	*斗 8（斗 14）*	*斗 8（斗 14）*
			−11（−5）	*−11（−5）*	*−11（−5）*

[1] 括号内是按《三统历》冬至太阳位置（牵牛初度）而计算的结果，这里列此结果是方便讨论西汉太初改历后历元太阳位置为牵牛初度的可能性。

（续表）

记录中的日食时间	公历时间（以干支纪日为准）	日食宿度记录（度）	合朔基准点逐日法推日所在（度）	冬至基准点逐日法推日所在（度）	夜半作为测定点推日所在（度）
			合朔基准点法误差（度）	冬至基准点法误差（度）	夜半作为测定点法误差（度）
（武帝）征和四年八月辛酉晦	-89-09-29	亢 2	角 9（亢 3）	角 10（亢 4）	角 9（亢 3）
			-5（1）	-4（2）	-5（1）
昭帝始元三年十一月壬辰朔	-84-12-03	斗 9	箕 10（斗 5）	箕 10（斗 5）	箕 9（斗 4）
			-10（-4）	-10（-4）	-11（-5）
（昭帝）元凤元年七月己亥晦	-80-09-20	张 12	轸 17（角 6）	轸 17（角 6）	轸 16（角 5）
			41（47）	41（47）	40（46）
宣帝地节元年十二月癸亥晦	-68-02-13	室 15	危 15（室 4）	危 15（室 4）	危 14（室 3）
			-17（-11）	-17（-11）	-18（-12）
（宣帝）五凤元年十二月乙酉朔	-56-01-03	女 10	牛 4（女 2）	牛 4（女 2）	牛 3（女 1）
			-14（-8）	-14（-8）	-15（-9）
（宣帝五凤）四年四月辛丑朔	-54-05-09	毕 19	毕 4（毕 10）	毕 5（毕 11）	毕 4（毕 10）
			-15（-9）	-14（-8）	-15（-9）
元帝永光二年三月壬戌朔	-42-03-28	娄 8	奎 16（娄 6）	奎 16（娄 6）	奎 15（娄 5）
			-8（-2）	-8（-2）	-9（-3）
（元帝永光）四年六月戊寅晦	-40-07-31	张 7	张 2（张 8）	张 2（张 8）	张 1（张 7）
			-5（1）	-5（1）	-6（0）
成帝建始三年十二月戊申朔	-29-01-05	女 9	牛 5（女 3）	牛 6（女 4）	牛 5（女 3）
			-12（-6）	-11（-5）	-12（-6）
（成帝）河平元年四月己亥晦	-28-06-19	井 6	井 19（井 25）	井 19（井 25）	井 18（井 24）
			13（19）	13（19）	12（18）
（成帝河平）三年八月乙卯晦	-26-10-23	房	氐 12（房 3）	氐 12（房 3）	氐 11（房 2）
			前一宿（当前宿）	前一宿（当前宿）	前一宿（当前宿）

（续表）

记录中的日食时间	公历时间（以干支纪日为准）	日食宿度记录（度）	合朔基准点逐日法推日所在（度）	冬至基准点逐日法推日所在（度）	夜半作为测定点推日所在（度）
			合朔基准点法误差（度）	冬至基准点法误差（度）	夜半作为测定点法误差（度）
（成帝河平）四年三月癸丑朔	-25-04-18	昴	胃9（昴1）	胃10（昴2）	胃9（昴1）
			前一宿（当前宿）	前一宿（当前宿）	前一宿（当前宿）
（成帝）阳朔元年二月丁未晦	-24-04-07	胃	娄10（胃4）	娄10（胃4）	娄9（胃3）
			前一宿（当前宿）	前一宿（当前宿）	前一宿（当前宿）
哀帝元寿元年正月辛丑朔	-2-02-05	室10	危6（危12）	危7（危13）	危6（危12）
			-21（-15）	-20（-14）	-21（-15）
平帝元始元年五月丁巳朔	1-06-10	井	井10（井16）	井10（井16）	井9（井15）
			当前宿（当前宿）	当前宿（当前宿）	当前宿（当前宿）
光武帝建武二年正月甲子朔	26-02-06	危8	危14	危14	危13
			6	6	5
（光武帝建武）三年五月乙卯晦	27-07-22	柳14	星5	星6	星5
			6	7	6
（光武帝建武）六年九月丙寅晦	30-11-14	尾8	尾15	尾15	尾14
			7	7	6
（光武帝建武）七年三月癸亥晦	31-05-10	毕5	毕12	毕12	毕11
			7	7	6
（光武帝建武）十六年三月辛丑晦	40-04-30	昴7	毕2	毕3	毕2
			6	7	6
（光武帝建武）十七年二月乙未晦	41-04-19	胃9	昴2	昴2	昴1
			7	7	6
（光武帝建武）二十二年五月乙未晦	46-07-22	柳7	星6	星6	星5
			14	14	13
（光武帝建武）二十五年三月戊申晦	49-05-20	毕15	参4	参4	参3
			7	7	6
（光武帝建武）二十九年二月丁巳朔	53-03-09	壁5	奎3	奎3	奎2
			7	7	6

（续表）

记录中的日食时间	公历时间（以干支纪日为准）	日食宿度记录（度）	合朔基准点逐日法推日所在（度）	冬至基准点逐日法推日所在（度）	夜半作为测定点推日所在（度）
			合朔基准点法误差(度)	冬至基准点法误差（度）	夜半作为测定点法误差(度)
（光武帝建武）三十一年五月癸酉晦	55-07-13	柳 5	柳 11	柳 12	柳 11
			6	7	6
（光武帝）中元元年十一月甲子晦	56-12-25	斗 20	牛 1	牛 1	斗 26.25
			7.25	7.25	6.25
明帝永平三年八月壬申晦	60-10-13	氐 2	氐 8	氐 9	氐 8
			6	7	6
（明帝永平）八年十月壬寅晦	65-12-16	斗 11	斗 18	斗 18	斗 17
			7	7	6
（明帝永平）十三年十月甲辰晦	*70-11-22*	*尾 17*	*箕 5*	*箕 5*	*箕 4*
			6	*6*	*5*
（明帝永平）十六年五月戊午晦	73-07-23	柳 15	星 7	星 7	星 6
			7	7	6
（明帝永平）十八年十一月甲辰晦	75-12-26	斗 21	牛 2	牛 2	牛 1
			7.25	7.25	6.25
章帝建初五年二月庚辰朔	80-03-10	壁 8	奎 4	奎 5	奎 4
			5	6	5
（章帝建初）六年六月辛未晦	81-08-23	翼 6	翼 13	翼 13	翼 12
			7	7	6
（章帝）章和元年八月乙未晦	87-10-15	氐 4	氐 5	氐 5	氐 4
			1	1	0
和帝永元二年二月壬午	90-03-20	奎 8	奎 8	奎 9	奎 8
			0	1	0
（和帝永元）四年六月戊戌朔	92-07-23	星 2	星 2	星 2	星 2
			0	0	0
（和帝永元）七年四月辛亥朔	95-05-22	觜	参 1	参 1	觜 2
			后一宿	后一宿	当前宿
（和帝永元）十二年秋七月辛亥朔	100-08-23	翼 8	翼 8	翼 8	翼 8
			0	0	0
（和帝永元）十五年四月甲子晦	103-06-22	井 22	井 22	井 23	井 22
			0	1	0

（续表）

记录中的日食时间	公历时间（以干支纪日为准）	日食宿度记录（度）	合朔基准点逐日法推日所在（度）	冬至基准点逐日法推日所在（度）	夜半作为测定点推日所在（度）
			合朔基准点法误差（度）	冬至基准点法误差（度）	夜半作为测定点法误差（度）
安帝永初元年三月二日癸酉	107-04-11	胃 2	胃 3	胃 3	胃 2
			1	1	0
（安帝永初）五年正月庚辰朔	111-01-27	虚 8	虚 9	虚 9	虚 8
			1	1	0
（安帝永初）七年四月丙申晦	113-06-01	井 1	井 1	井 2	井 1
			0	1	0
（安帝）元初元年十月戊子朔	114-11-15	尾 10	尾 11	尾 11	尾 10
			1	1	0
（安帝元初）二年九月壬午晦	115-11-04	心 4	心 4	心 5	心 4
			0	1	0
（安帝元初）三年三月二日辛亥	116-04-01	娄 5	娄 5	娄 5	娄 5
			0	0	0
（安帝元初）四年二月乙巳朔	117-03-21	奎 9	奎 10	奎 10	奎 9
			1	1	0
（安帝元初）五年八月丙申朔	118-09-03	翼 18	翼 18	翼 19	翼 18
			0	1	0
（安帝元初）六年十二月戊午朔	120-01-18	女 11	女 11	女 11	女 11
			0	0	0
（安帝）永宁元年七月乙酉朔	*120-08-12*	*张 15*	*张 15*	*张 15*	*张 15*
			0	*0*	*0*
（安帝）延光三年九月庚申晦	124-10-25	氐 15	氐 15	氐 15	氐 15
			0	0	0
（安帝延光）四年三月戊午朔	125-04-21	胃 12	胃 13	胃 13	胃 12
			1	1	0
顺帝永建二年七月甲戌朔	127-08-25	翼 9	翼 10	翼 10	翼 9
			1	1	0
（顺帝）阳嘉四年闰月丁亥朔	135-09-25	角 5	角 5	角 6	角 5
			0	1	0
（顺帝）永和三年十二月戊戌朔	139-01-18	女 11	女 11	女 12	女 11
			0	1	0
（顺帝永和）五年五月己丑晦	140-07-02	井 33	井 33	井 33	井 33
			0	0	0

（续表）

记录中的日食时间	公历时间（以干支纪日为准）	日食宿度记录（度）	合朔基准点逐日法推日所在（度） 合朔基准点法误差（度）	冬至基准点逐日法推日所在（度） 冬至基准点法误差（度）	夜半作为测定点推日所在（度） 夜半作为测定点法误差（度）
（顺帝永和）六年九月辛亥晦	141–11–16	尾 11	尾 12 1	尾 12 1	尾 11 0
桓帝建和元年正月辛亥朔	147–02–18	室 3	室 3 0	室 4 1	室 3 0
（桓帝建和）三年四月丁卯晦	149–06–23	井 23	井 24 1	井 24 1	井 23 0
（桓帝）元嘉二年七月二日庚辰	*152–08–19*	*翼 4*	*翼 4* *0*	*翼 4* *0*	*翼 4* *0*
（桓帝）永兴二年九月丁卯朔	154–09–25	角 5	角 5 0	角 6 1	角 5 0
（桓帝）永寿三年闰月庚辰晦	157–07–24	星 2	星 3 1	星 3 1	星 2 0
（桓帝）延熹元年五月甲戌晦	158–07–13	柳 7	柳 7 0	柳 7 0	柳 6 –1
（桓帝延熹）八年正月丙申晦	165–02–28	室 13	室 14 1	室 14 1	室 13 0
（桓帝延熹）九年正月辛卯朔	166–02–18	室 3	室 3 0	室 4 1	室 3 0
（桓帝）永康元年五月壬子晦	167–07–04	鬼 1	鬼 2 1	鬼 2 1	鬼 1 0
（灵帝）熹平二年十二月癸酉晦	*174–02–18*	*虚 2*	*室 4* *29*	*室 4* *29*	*室 3* *28*
（灵帝光和元年）十月丙子晦	178–11–27	箕 4	箕 4 0	箕 5 1	箕 4 0
（灵帝光和）四年九月庚寅朔	181–09–26	角 6	角 7 1	角 7 1	角 6 0
献帝初平四年正月甲寅朔	193–02–19	室 4	室 5 1	室 5 1	室 4 0
（献帝建安）十三年十月癸未朔	208–10–27	尾 12	房 2 –20	房 2 –20	房 2 –20

对于表 1–5 的数据，需要结合两汉各时期的历法行用情况分阶段讨论，大致可分为 4 个时段。首先是太初改历（公元前 104 年）之前，汉用《颛顼历》，以乙卯元己巳朔旦立春为历元[1]，日月起于营室五度。明显地，三种推算方法算得的日食宿度与此阶段的 21 条日食宿度记录皆不符，且误差较大，若此阶段确实以立春太阳在营室五度，则可以断言这一阶段的日食宿度不由历法推算而得。不过值得注意的是，除去 5 条错误记录和 1 条误差过大的记录（–181–03–04）[2]，其余 15 条日食记录的误差在 4~10 度，且集中于 5~7 度。我们知道，立春和冬至在四分历中相隔 $45\frac{21}{32}$ 日，若立春太阳在营室五度，根据“日行一度”的说法，冬至太阳在牵牛七度或六度；又《三统历》历元太阳在牵牛初度（即《颛顼历》和《三统历》冬至太阳位置相差 6 度或 5 度），则以此回推，其结果和日食宿度记录接近，但它们不完全重合且误差值有正负，所以这些日食宿度也不是通过冬至太阳在牵牛初推算得到。不过这里可以指出一种可能，即只要立春（或冬至）时太阳所在宿度是一个变值，那么理论上仅用一种推算方法就可以算出全合日食宿度记录的结果，我们稍后讨论这种可能。

太初改历之后，汉用《太初历》，以太初元年岁前十一月甲子朔旦冬至为历元，日月起于建星。《太初历》说历元时太阳在建星，但具体位置不得而知。按唐代僧一行《大衍历议 · 日度议》所说：“歆以太初

[1]《颛顼历》用甲寅元还是乙卯元，陈久金和陈美东的《从马王堆帛书 < 五星占 > 的出土试探我国古代的岁星纪年问题》一文已有讨论。简要来说，太初改历前认为是甲寅元，之后转变为乙卯元，但实际上所指是同一年，本书后文还将继续讨论此问题。

[2] 马莉萍曾对这 6 条记录中的 3 条做过日食宿度修正（–188–02–21 此条改危十三度为室十三度，–181–03–04 此条室九度改为壁九度，–144–09–08 此条改轸七度为轸十度）。其修正的理由是符合整体的误差分析结果，对此笔者认为此类修正有待更充分的证据支撑。

历冬至日在牵牛前五度。”[1] 严格而论，即斗二十一度四分度之一，若忽略余数，认为是斗二十一度也无妨。另外，《太初历》今已不存，但其历法常数与《三统历》相同，又《太初历》和《三统历》推算结果相差6度（古人谓牵牛前五度，计算时要按相差6度算），为了便于对照，表1–5将此阶段《太初历》和《三统历》的计算结果都列出。还有一点需要注意,《三统历》的行用时间应在元始五年（公元5年）之后[2]，在此之前仍用《太初历》。

西汉太初改历至王莽新政这段时间里的日食宿度记录共计16条，从推算数据上易见其中有错记情况（比如–80–09–20），但细节未知。过去马莉萍在分析此阶段数据时，曾修正其中6条日食宿度记录，以使其在误差分析时更合理，具体是–93–12–12改斗十九度为斗9度，–84–12–03改斗9度为箕九度，–68–02–13改室十五度为室五度，–56–01–03改女十度为女一度，–54–05–09改毕十九度为毕九度，–2–02–05改室十度为危十度。[3] 修正的问题在于，即便如此修改，误差分析的结果也不理想,并且某些日食宿度记录与《太初历》推算结果接近（2度以内），某些又和《三统历》推算结果接近。比如–93–12–12此条，若改斗十九度为斗9度，按《太初历》推算日食宿度在斗8度，按《三统历》推算日食宿度在斗十四度；而–54–05–09此条，若改毕十九度为毕九度，按《太初历》推算日食宿度在毕四度，按《三统历》推算日

[1]《新唐书·历志四上》。

[2] 有一种说法认为《三统历》自公元前7年行用，并无实据，其可能是陈美东《中国科学技术史·天文学卷》第157页所说“汉成、哀之际（约前7）改太初历为三统历”，其中未言行用，且此说也是推测。按《汉书·律历志》后附的《世经》所说，行用《三统历》在元始五年之后。

[3] 马莉萍. 中国古代交食的宿度记录及其算法[D]. 西安：中国科学院研究生院，2007，33–34.

食宿度在毕十度。对此，笔者认为此类修正应当慎重，在未有更多证据前，还是应以原始记录为准进行误差分析。按照记载的 16 条日食宿度所得到的数据分析结果，很明显不是以历法推算而得。

对于东汉的日食宿度记录，元和二年（公元 85 年）之前，东汉用《三统历》，此阶段的日食记录共计 18 条，都附有日食宿度。明显地，三种推算方法得到的结果与史料记载的数据相差约 6 度，这是因为上述推算以冬至太阳在牵牛初，如果以冬至太阳在斗二十一度四分度之一，那么推算结果与记录数据十分接近，具体可见表 1–5。可以看到，在三种推算方法中，以夜半作为测定点方法推出的结果中，12 条与记录相差 6 度，2 条相差 6.25 度，3 条相差 5 度（其中 70–11–22 此条甲辰为十月朔），1 条相差 13 度。这意味着只要设定冬至太阳在斗二十一度四分度之一，那么推算结果就会有 12 条与记录相合；如果定冬至太阳在斗二十一度，那么推算结果与记录有 14 条相合。但另外 4 条记录与推算结果有偏差还是无法解释，尤其是 56–12–25 和 75–12–26 两条。前一条（光武帝）中元元年十一月甲子晦即为冬至，后一条（明帝永平）十八年十一月甲辰晦的前一日为冬至。明显地，如果冬至太阳在斗二十一度，此两条的日食宿度应分别为斗二十一度和斗二十二度，但实际记录中分别为斗二十度和斗二十一度。据此，此阶段的 18 条日食宿度至少不都由历法推算得到，而此类记录数年间来回调整记录规范的可能性很小[1]，因此此阶段的 18 条日食宿度都非历法推算而得。

表中最后 37 条日食宿度记录的时间都在元和二年之后，其时行用《后汉四分历》，历元冬至太阳在斗二十一度四分度之一。此 37 条日食宿度记录中，三种推算方法的误差都很小，但依旧不能全合，其中夜

[1] 比如公元 55 年和公元 60 年用历法推算日食宿度，而公元 56 年却不用此法。

半作为测定点方法最合，37 条中有 34 条与记录合，1 条相差 1 度，另有 2 条相差较大。笔者认为此阶段的 37 条日食宿度记录也非历法推算而得，首先是 3 条日食宿度记录（以符合度最好的夜半作为测定点方法为例）与历法推算不合[1]；其次是此阶段的日食记录共计 54 条，但仅有 37 条附日食宿度，另 17 条记录未附（目前看来，这些日食年份没有明显规律，也不存在计算困难），这与历法推算日食宿度的情况不合。

另外需要指出的是，以上三种推算方法[2]都是严格按照周天 365.25 度（《太初历》和《三统历》中为 $365\frac{385}{1539}$ 度）计算，且将周天余数分配在斗宿末，但汉代人计算的细节尚不能判断，因此本书对三种方法都进行了分析。此处以一个实例说明，111–01–27 此条“（安帝永初）五年正月庚辰朔，日有蚀之，在虚八度”，安帝永初五年岁前冬至为永初四年十一月廿六丙午，对应公历日期公元 110 年 12 月 24 日，与永初五年正月庚辰相隔 34 日。笔者在用冬至基准点法计算时，定永初四年十一月廿六丙午太阳在斗 21.25 度，按“日行一度”，相隔 34 日，太阳行 34 度，得永初五年正月庚辰太阳在虚 9 度。而当时的计算结果大致可分为三种：第一种永初四年十一月廿六丙午太阳在斗 21 度，十一月廿七斗 22 度，十一月廿八斗 23 度……十二月初一斗 26 度，十二月初二斗 26.25 度，十二月初三牛 1 度……则永初五年正月庚辰太阳在虚 8 度；第二种永初四年十一月廿六丙午太阳在斗 22 度，十一月廿七斗 23 度……十二月初一斗 26.25 度，十二月初二牛 1 度，十二月初三牛

[1] 即便将 2 条日食宿度记录视为误记，158–07–13 此条记录（与推算结果相差 1 度）仍难以解释。

[2] 严格来说，此处的三种推算方法实际对应三种结果，每种结果可能对应多种方法，但计算结果只会有三种。

2度……则永初五年正月庚辰太阳在虚9度[1]；第三种永初四年十一月廿六丙午太阳在斗22度，十一月廿七斗23度……十一月三十斗26度，十二月初一牛1度，十二月初二牛2度，十二月初三牛3度……则永初五年正月庚辰太阳在虚10度。

综合上述分析，可以认定汉代日食宿度记录都非历法推算而得。

最后来看日食宿度记录由观测结合计算而得的可能性。前面提到，在古代不能直接观测日食时的太阳宿度，但古人掌握了间接获取某日太阳所在宿度的方法。在古代先后出现过四种测定太阳所在宿度的方法，分别是昏旦中星法、夜半中星法、月蚀冲法、中介法。[2] 其中昏旦中星法使用最早，在汉代已被广泛使用，而其他三种方法未见汉代使用。在昏旦中星法中，只要测定昏、旦时刻上中天的赤经值，就可以根据公式推算出夜半太阳的位置。这意味着，只要天气晴好，汉代人可以算出当日太阳所在宿度。具体到测定日食宿度问题，有两种方法可供使用。一种是测量日食当日的昏旦中星，直接算出当日的太阳所在宿度，另一种是测量其年岁前冬至日（或其他某个时间节点）的昏旦中星，再以逐日法推求得日食当日的太阳所在宿度。[3] 下面给出昏旦中星法测太阳所在宿度的推算公式。

昏中星度 = 夜半太阳所在宿度 +（周天度 × 昼漏—夜漏）/200 + 1

[1] 笔者的计算方法最终结果同第二种结果相同，永初四年十一月廿六丙午太阳在斗21.25度，十一月廿七斗22.25度……十二月初一斗26.25度，十二月初二牛1度，十二月初三牛2度，则永初五年正月庚辰太阳在虚9度。

[2] 江晓原．中国古代对太阳位置的测定和推算[J]．中国科学院上海天文台年刊，1985（7）：91–96.

[3] 实际上第二种方法本身只需要测量其年任意一天的太阳所在宿度，之后就可以通过逐日法获得日食当日的太阳所在宿度。这里选定冬至日，是因为汉代历法以冬至为起始点，冬至日最可能被选为测定太阳所在宿度的日子。

旦中星度＝夜半太阳所在宿度＋周天度—（周天度 × 昼漏—夜漏）/200

夜半太阳所在宿度＝（昏中星度＋旦中星度—周天度—1）/2

明显地，如果测得某天的昏、旦中星度，可以直接推算出当日的夜半太阳所在宿度。若只测得昏、旦中星度中的一个，则需要知道当日的昼夜漏刻数，才可以推算出当日的夜半太阳所在宿度。

为了讨论汉代日食宿度记录由昏旦中星法观测而得的可能，笔者用 Skymap11 回推西汉和东汉的日食发生日的夜半太阳所在宿度，以汉长安城遗址和汉魏洛阳故城遗址为观测点，前者经纬度取东经 108° 52′ 7″，北纬 34° 17′ 48″，后者取东经 112° 37′ 42″，北纬 34° 43′ 41″。具体方法是查出当日（地方）夜半斗宿距星和太阳的赤经值，然后将它们的差值换算为古度，再以斗宿距星为起算点，并对照二十八宿距度表，算得当日夜半太阳所在宿度。[1] 笔者将回推的日食当日夜半太阳所在宿度记为"当日夜半太阳宿度理论值"，将回推冬至日夜半太阳所在宿度按逐日法算得的日食当日夜半太阳所在宿度记为"从历日冬至日夜半按逐日法算太阳宿度理论值"，列表 1–6（错误记录用斜体显示）。

表 1–6 《汉书·五行志》和《后汉书·五行志》中日食宿度与推算值比较表

公历时间	日食宿度记录	当日夜半太阳宿度理论值	从历日冬至日夜半按逐日法算太阳宿度理论值	当日夜半太阳宿度理论值与日食宿度记录差值（度）	从历日冬至日夜半按逐日法算太阳宿度理论值与日食宿度记录差值（度）
–205–12–20	斗 20	斗 19	斗 19	–1	–1
–204–01–18	*虚 3*	*虚 5*	*虚 2*	*2*	*–1*

[1] 以不同星宿的距星为起算点会影响到最终的推算结果，这是因为汉代的二十八宿距度本身存在误差，此误差的影响相当复杂。本书后面的内容会提到此误差影响在 1 度以内，但它不影响本节的分析和结论。

（续表）

公历时间	日食宿度记录	当日夜半太阳宿度理论值	从历日冬至日夜半按逐日法算太阳宿度理论值	当日夜半太阳宿度理论值与日食宿度记录差值（度）	从历日冬至日夜半按逐日法算太阳宿度理论值与日食宿度记录差值（度）
-198-08-07	张 13	张 11	张 11	-2	-2
-188-02-21	*危 13*	*室 12*	*室 9*	*16*	*13*
-188-07-17	星 1	柳 12	柳 13	-4	-3
-181-03-04	室 9	壁 7	壁 4	14	11
-178-01-02	女 1	牛 6	牛 5	-3	-4
-178-12-22	斗 22	斗 20	斗 20	-2	-2
-177-01-21	*虚 8*	*虚 7*	*虚 4*	*-1*	*-4*
-160-06-09	*井 13*	*井 9*	*井 12*	*-4*	*-1*
-154-04-05	胃 2	娄 10	娄 10	-4	-4
-150-01-22	虚 9	虚 8	虚 5	-1	-4
-147-11-10	尾 9	尾 3	尾 7	-6	-2
-144-09-08	轸 7	轸 6	轸 7	-1	0
-143-08-28	翼 17	翼 14	翼 14	-3	-3
-139-03-21	*奎 14*	*奎 12*	*奎 11*	*-2*	*-3*
-138-11-01	尾 2	房 3	心 3	-9	-4
-134-08-19	翼 8	翼 4	翼 5	-4	-3
-127-04-06	胃 3	娄 11	娄 11	-4	-4
-122-07-09	柳 6	柳 3	柳 4	-3	-2
-112-06-18	井 23	井 18	井 20	-5	-3
-93-12-12	*斗 19*	*斗 9*	*斗 10*	*-10*	*-9*
-89-09-29	亢 2	角 8	角 11	-6	-3
-84-12-03	斗 9	箕 9	斗 1	-11	-8
-80-09-20	张 12	轸 17	角 2	41	43

（续表）

公历时间	日食宿度记录	当日夜半太阳宿度理论值	从历日冬至日夜半按逐日法算太阳宿度理论值	当日夜半太阳宿度理论值与日食宿度记录差值（度）	从历日冬至日夜半按逐日法算太阳宿度理论值与日食宿度记录差值（度）
–68–02–13	室 15	室 4	危 17	–11	–15
–56–01–03	女 10	牛 7	牛 6	–11	–12
–54–05–09	毕 19	毕 4	毕 6	–15	–13
–42–03–28	娄 8	娄 1	娄 1	–7	–7
–40–07–31	张 7	张 4	张 4	–3	–3
–29–01–05	女 9	牛 8	牛 7	–9	–8
–28–06–19	井 6	井 18	井 21	12	15
–26–10–23	房	氐 9	氐 13	前一宿	前一宿
–25–04–18	昴	胃 9	胃 11	前一宿	前一宿
–24–04–07	胃	娄 11	娄 12	前一宿	前一宿
–2–02–05	室 10	危 11	危 8	–16	–19
1–06–10	井	井 9	井 11	当前宿	当前宿
26–02–06	危 8	危 12	危 9	4	1
27–07–22	柳 14	柳 15	星 1	1	2
30–11–14	尾 8	尾 6	尾 10	–2	2
31–05–10	毕 5	毕 4	毕 7	–1	2
40–04–30	昴 7	昴 6	昴 8	–1	1
41–04–19	胃 9	胃 9	胃 11	0	2
46–07–22	柳 7	柳 15	星 1	8	9
49–05–20	毕 15	毕 14	觜 1	–1	2
53–03–09	壁 5	壁 9	壁 7	4	2
55–07–13	柳 5	柳 6	柳 6	1	1
56–12–25	斗 20	斗 22	斗 22	2	2

（续表）

公历时间	日食宿度记录	当日夜半太阳宿度理论值	从历日冬至日夜半按逐日法算太阳宿度理论值	当日夜半太阳宿度理论值与日食宿度记录差值（度）	从历日冬至日夜半按逐日法算太阳宿度理论值与日食宿度记录差值（度）
60–10–13	氐 2	亢 8	氐 3	–3	1
65–12–16	斗 11	斗 12	斗 13	1	2
70–11–22	*尾 17*	*尾 14*	*尾 18*	*–3*	*1*
73–07–23	柳 15	星 1	星 2	1	2
75–12–26	斗 21	斗 22	斗 22	1	1
80–03–10	壁 8	奎 1	壁 8	2	0
81–08–23	翼 6	翼 7	翼 8	1	2
87–10–15	氐 4	亢 9	氐 4	–4	0
90–03–20	奎 8	奎 10	奎 8	2	0
92–07–23	星 2	星 2	星 2	0	0
95–05–22	觜	毕 15	毕 16	前一宿	前一宿
100–08–23	翼 8	翼 7	翼 8	–1	0
103–06–22	井 22	井 20	井 22	–2	0
107–04–11	胃 2	胃 1	胃 2	–1	0
111–01–27	虚 8	危 1	虚 8	3	0
113–06–01	井 1	参 8	井 1	–2	0
114–11–15	尾 10	尾 6	尾 10	–4	0
115–11–04	心 4	房 4	心 4	–5	0
116–04–01	娄 5	娄 5	娄 5	0	0
117–03–21	奎 9	奎 10	奎 9	1	0
118–09–03	翼 18	翼 17	翼 18	–1	0
120–01–18	女 11	虚 1	女 11	2	0
120–08–12	*张 15*	*张 14*	*张 15*	*–1*	*0*

（续表）

公历时间	日食宿度记录	当日夜半太阳宿度理论值	从历日冬至日夜半按逐日法算太阳宿度理论值	当日夜半太阳宿度理论值与日食宿度记录差值（度）	从历日冬至日夜半按逐日法算太阳宿度理论值与日食宿度记录差值（度）
124-10-25	氐 15	氐 10	氐 15	-5	0
125-04-21	胃 12	胃 11	胃 12	-1	0
127-08-25	翼 9	翼 8	翼 9	-1	0
135-09-25	角 5	角 2	角 5	-3	0
139-01-18	女 11	虚 1	女 11	2	0
140-07-02	井 33	井 31	井 33	-2	0
141-11-16	尾 11	尾 7	尾 11	-4	0
147-02-18	室 3	室 6	室 3	3	0
149-06-23	井 23	井 22	井 23	-1	0
152-08-19	*翼 4*	*翼 3*	*翼 3*	*-1*	*-1*
154-09-25	角 5	角 2	角 5	-3	0
157-07-24	星 2	星 2	星 2	0	0
158-07-13	柳 7	柳 5	柳 6	-2	-1
165-02-28	室 13	室 16	室 13	3	0
166-02-18	室 3	室 6	室 3	3	0
167-07-04	鬼 1	井 32	井 33	-2	-1
174-02-18	*虚 2*	*室 6*	*室 3*	*31*	*28*
178-11-27	箕 4	尾 18	箕 3	-4	-1
181-09-26	角 6	角 3	角 6	-3	0
193-02-19	室 4	室 7	室 4	3	0
208-10-27	尾 12	氐 11	房 2	-26	-20

根据表 1-6 的数据，结合汉代天文学发展的情况，这里分西汉太初改历（公元前 104 年）前后和元和二年四分改历（公元 85 年）前后

共 4 个时段进行讨论。

（1）西汉太初改历（公元前 104 年）之前，此时段的 21 条日食宿度记录，除 –204–01–18（当日夜半太阳宿度理论值）、–188–02–21 和 –181–03–04 三条，其余日食宿度都不小于日食宿度理论值；5 条错误的（当日无日食）日食记录附有日食宿度，分别是 –204–01–18、–188–02–21、–177–01–21、–160–06–09、–139–03–21；同时–154–04–05 此条，之前有学者认为西安当地不能见到日食[1]，但根据 Skymap11.0 软件的回推，西安当日可以观测到带食而出。根据这些信息，这一时段获取日食宿度可能有两种方式：一种是日食当日观测昏旦中星计算日食宿度；另一种是提前在某日进行昏旦中星观测，先计算出当日太阳所在宿度，再使用逐日法推出日食当日的日食宿度。

对于这两种可能，仅从误差分析的角度考虑，都可以找到合理解释。若日食宿度由日食当日观测而得，当时不能预知日食日期，只有通过昏中星推算太阳所在宿度的方法计算日食宿度（这要求西安当日能够观测到日食，而这一时段的 21 条日食记录都能够在西安观测到）。不过这种方法推算出的日食宿度误差会偏大，因为西汉漏刻技术的限制，每日的昼夜漏刻（数）并不准确，因此很容易出现观测的（昏）时刻不准导致夜半太阳所在宿度偏差的情况。结合推算公式易知，漏刻差 1 刻夜半太阳所在宿度差 5.5 度左右[2]，所以 –188–02–21 和 –181–03–04 两条

[1] 邢钢，石云里．汉代日食记录的可靠性分析：兼用日食对汉代历法的精度进行校验 [J]. 中国科技史杂志，2005，26（2）：107–127，112.

[2] 除了计算公式中漏刻 1 刻导致的约 1.83 度误差，还要考虑到 1 刻时间内周天自转产生的 3.65 度误差。

日食宿度应算作错误记录[1]，但其错误原因和细节无法确定[2]。不过若日食宿度是日食当日所测，则 5 次未见日食却附有日食宿度的记录很难解释。因为天晴时日食记录难以被伪造，所以无食当日也不会进行昏中星观测并获得太阳当日所在宿度。[3] 另外，天阴时日食记录虽然容易被伪造，但阴天却无法进行昏中星观测进而获得太阳当日所在宿度。相比之下，提前在某日进行昏旦中星观测的做法能够更好地解释记载中的日食记录情况。至于具体在哪日进行昏旦中星观测，初步推测为冬至日，因为冬至是汉代传统中的重要观测节点，并且为一年之始，其后日子的太阳所在宿度都可以用逐日法推得。

（2）太初改历之后（东汉之前），记载了 16 条日食宿度记录，其与两种方法计算的日食宿度理论值都有较大误差。同样地，–80–09–20 和 –28–06–19 两条也算为错误记录。而对于其他标有明确日食宿度的 9 条日食记录，其日食宿度的平均误差达到 10 度左右，明显大于太初改历之前的日食宿度误差。从误差分析的角度看，这些日食宿度中显然存在某种系统误差。结合前面的分析，若日食宿度是冬至观测结合逐日法所得，那么说明太初改历之后冬至观测太阳所在宿度的误差很大，考虑到这是较长时段的系统误差，可以排除人为操作的系统误差。那么可能造成系统误差的情况大致有三种：一是仪器本身存在某种系统误差，导致昏旦中星观测数据不准；二是推算太阳所在宿度的方法导致某种系统误差；三是漏刻误差使观测时间偏差导致观测数据产生系统误差。对

[1] 两条日食记录的日食宿度都比理论值小 10 度以上，这意味着昏中星观测时刻比准确值提前 2 刻左右，即日落后半刻左右观测昏中星。但此时天还未暗，显然无法观测昏中星。

[2] 可能是计算中出现了错误，也可能是最后誊抄结果时写错了数字。

[3] 这里隐含了一种预设：此时段没有每日测昏中星的做法。实际上，根据现有的资料和研究，整个汉代都不会每日测昏中星。（除非改历时期的大规模集中观测）

于这三种可能，第一种观测仪器本身存在系统误差几乎不可能，按照史料记载，太初改历后，西汉有过数次大规模的天文观测活动，获取的观测数据表明仪器系统误差不可能有10度之多[1]；第二种推算方法导致系统误差也不太可能，因为太初改历前后的推算太阳所在宿度方法（目前来看）并没有不同，但太初改历前的日食宿度平均误差只有3度左右；第三种漏刻误差导致观测系统误差的可能性也很小，按照目前所知的西汉漏刻技术[2][3]，其时对昏明时刻的把握已很精确，同时汉代认定的冬至昼夜长度——夜长60刻，昼长40刻[4]——也很准确，因此可以肯定地说，冬至观测昏旦中星定太阳所在宿度不会因为漏刻误差产生10度左右的系统误差[5]。

排除了日食宿度由冬至观测结合逐日法所得的可能，再来讨论另外一种可能——日食当日观测昏中星推算日食宿度。由于西汉无法预知日食，所以日食宿度只能通过当日夜晚观测昏中星来进行推算，这样的推算方法会造成一种局面——推算日食宿度时只能采用昏中星度与昼夜漏刻为已知量的计算公式（昏中星度 = 夜半太阳所在宿度 +〔周天度 × 昼漏—夜漏〕/200 + 1）。在此情况下，推算当日太阳所在宿度容易出现两种误差，一种是观测时刻（昏时）不准导致的观测误差，另一种是当日昼夜漏刻数不准导致的计算误差。对于前一种误差，有学者认为西

[1] 从《三统历》中的二十八宿宿度等数据可知西汉仪器观测的系统误差不会达到10度。

[2] 华同旭. 中国漏刻 [M]. 合肥：安徽科学技术出版社，1991.

[3] 王立兴. 纪时制度考 [J]// 中国天文学史文集（第4）[M]. 北京：科学出版社，1986，1-47，19.

[4] 即夜漏55刻，昼漏45刻。

[5] 前面引文中已经指出，2刻左右的漏刻误差会造成10度左右的太阳所在宿度误差。

汉漏刻的精度不会高于 1 刻，也有学者认为西汉天文学家在实际天文观测（比如昏旦中星观测）时使用的漏刻计时要比漏刻制度所示更精确。[1] 事实上，由于缺少实测数据，我们很难判断西汉昏旦时刻的（漏刻）误差。如果按西汉的漏刻制度，从实操的角度考虑，冬至时由于昼夜长度的规定较为准确，其昏旦时刻的认定自然也较准；若其日为立夏，由于昼夜长度的规定误差接近 2.5 刻，那么使用漏刻确定的昏旦时刻误差也应接近 2.5 刻，即便实操中有所调整，其时的昏旦时刻也难免有所差误。[2] 若存在 1 刻的漏刻误差，则造成 3.65 度的度数误差。而对于后一种误差，昼夜漏刻数每误 1 刻，会造成 1.83 度左右的计算误差，按照西汉的漏刻制度，昼夜漏刻数误差造成的计算误差最大可达 4.4 度。在这两种误差之外，日食宿度误差还受到昏旦中星观测误差的影响。假设太初改历前后昏旦中星观测精度相当，那么按太初改历前的日食宿度误差估计，昏旦中星的观测平均误差在 3 度左右。综合以上分析，若采用日食当日观测昏中星推算日食宿度的方法，完全有可能得到“五行志”所载的日食宿度。

（3）在东汉的 55 条日食宿度记录中，元和二年（公元 85 年）前的记录共有 18 条。对于日食当日观测昏中星推算日食宿度的可能，仅从表 1–6 的误差结果来看，此种方法有可能获得同记载一样的日食宿度。但日食记录中有 1 条“史官不见，郡以闻”，显然此条日食记录的日食宿度无法由洛阳史官观测当日的昏中星推算得到。同时，18 条日食记录中有 1 条未见日食却附有日食宿度的记录也难以解释。基于此，基本可以认定此阶段的日食宿度不是日食当日观测昏中星推算所得。

[1] 华同旭．中国漏刻 [M]．合肥：安徽科学技术出版社，1991，46–49.

[2] 尽管没有进行过模拟测量，但根据经验，估计 1 刻以内的昏旦时刻误差是不易校正的。

而对于冬至观测昏旦中星结合逐日法推算日食宿度的方法，其误差（除 46–07–22 此条有 9 度的误差）都在 2 度以下。结合西汉的日食宿度分析和两汉的漏刻技术发展来看，冬至观测昏旦中星结合逐日法推算日食宿度的方法完全有可能得到史料记载中的日食宿度。

（4）元和二年之后，附日食宿度的日食记录共计 37 条，同样先考察日食当日观测昏中星推算日食宿度的可能。与前文分析类似，从误差分析的角度看，此种方法也有可能获得同记载一样的日食宿度。但此时段中也有数条“史官不见”的日食记录，同时有 2 条未见日食却附有日食宿度的记录，所以可以认定此阶段的日食宿度不是日食当日观测昏中星推算所得。

对于冬至观测昏旦中星结合逐日法推算日食宿度的可能，从误差分析的角度来看，绝大部分记录的误差都为 0 度，只有 3 条记录的误差为 1 度（除 174–02–18 和 208–10–27 这两条错误记录之外）；同时，这些记录中还有 2 条当日未发生日食却附有日食宿度的记录。以上这些都可以用冬至观测昏旦中星结合逐日法推算日食宿度的方法进行解释。此外，未记录日食宿度的日食记录也可以其年未测冬至太阳所在宿度（最可能由于天气原因）得到解释。因此，这一阶段的日食宿度记录很有可能是由观测结合逐日法而得，而具体方法则是冬至观测昏旦中星，再结合逐日法推算出日食宿度。

另外，按照《续汉书·律历志》的记载“至元和二年，太初失天益远，日月宿度相觉浸多，而候者皆知冬至之日日在斗二十一度”，可见在东汉四分改历前，冬至日测日所在是候者的常规活动。而在东汉四分改历后，“太史令玄等候元和二年至永元元年，五岁中课日行及冬至斗二十一度四分一”[1]，这可以算作新历验证时期，史官们在冬至以外的日子也要测定日所在；此外，“永元十四年（公元 102 年）……文多，故魁取二十四气日所在，并黄道去极、晷景、漏刻、昏明中星刻于下。”[2]同时熹平三年（公元 174 年）也测定过二十四节气的天文数据。这些记载使我们有理由推测：冬至日测日所在在整个东汉都是一种常规活动，并且这种传统很有可能来自西汉。而在东汉中后期，冬至观测可能已发展为二十四节气日观测。

综合以上分析，笔者对两汉日食宿度的来源有如下推断。

在西汉时期，太初改历前汉袭秦制，史官的观测实践中或许已有冬至观测昏旦中星定太阳宿度的传统。但当时的观测精度还较低，其时测定的太阳宿度平均误差估计在 2 ~ 3 度，因此在结合逐日法推定日食宿度时会受其影响。太初改历之后，西汉的观测实践应该已经形成一套全新制度，其中冬至观测昏旦中星定太阳宿度的传统应该仍在，而在西汉中后期（初步估计公元前 80 年之后）对于日食宿度可能采用过一种新的测定方法——在日食当日测昏中星定太阳宿度。就观测理论而言，这种测定日食宿度的方法是一种进步，不过由于漏刻技术的限制，这种方法测定出的日食宿度反而有较大误差（接近 10 度）。这里应该指出，西汉中后期对于日行迟急问题的讨论可能影响了当时测定日食宿度方法的选择。

到东汉时期，测定日食宿度的方法又变为冬至测太阳宿度，再结合逐日法推定日食宿度。尤其在东汉四分改历（元和二年）之后，日食宿

[1]（晋）司马彪．续汉书律历志中 [A]// 中华书局编辑部．历代天文律历等志汇编（五）[Z]. 北京：中华书局，1976，1482.

[2]（晋）司马彪．续汉书律历志中 [A]// 中华书局编辑部．历代天文律历等志汇编（五）[Z]. 北京：中华书局，1976，1486-1487.

度与理论值的误差基本都在 1 度以内。笔者认为这种精度的提高与东汉初期出现的二级漏刻[1]有一定关系，它可以提高冬至所测太阳宿度的精度。东汉四分改历之后，冬至点在斗 21.25 度已成定论，这很可能使得其后的实测在相差不大的情况下只会测出冬至点在斗 21 度或斗 22 度。

此外，值得注意的一点是东汉末年的数条日食记录都未附日食宿度，笔者推测当时的东汉官方或已无力维持冬至观测的传统。

（二）汉代日食观测的内容及方法

从史料记载来看，汉代对日食的记录包括日食日期、日食宿度、日食食分、日食时刻以及观测地点。其中前两者的记录最详，后三者的记录较少。考虑到这些记录都载于正史，因此记录与否并不代表观测与否。结合相关史料和研究，笔者认为至迟在西汉后期，日食观测的内容已经包括日食宿度、日食食分和日食时刻。

1. 日食宿度观测

前文已经提过，汉代在日食时不能直接测定太阳所在宿度，因此他们需要用昏旦中星法来测定太阳所在宿度。前面已经列出过昏旦中星法定太阳所在宿度的推算公式，明显地，如果同时测得昏旦中星，则无须当日的昼夜漏刻值也可以算出当日的太阳所在宿度。但应该注意到，测昏旦中星过程中，实际上还是需要使用漏刻来确定昏旦时刻以进行测量。

在《隋书·天文志》“漏刻”节中有这样一段记述：

昔黄帝创观漏水，制器取则，以分昼夜。其后因以命官，《周礼》挈壶氏则其职也。其法，总以百刻，分于昼夜。冬至昼漏四十刻，夜漏六十刻。夏至昼漏六十刻，夜漏四十刻。春秋二分，昼夜各五十刻。日

[1] 吴守贤，全和钧．中国古代天体测量学及天文仪器 [M]. 北京：中国科学技术出版社，2008，402.

未出前二刻半而明，既没后二刻半乃昏。减夜五刻，以益昼漏，谓之昏旦。漏刻皆随气增损。冬夏二至之间，昼夜长短，凡差二十刻。每差一刻为一箭。冬至互起其首，凡有四十一箭。昼有朝，有禺，有中，有晡，有夕。夜有甲、乙、丙、丁、戊。昏旦有星中。每箭各有其数，皆所以分时代守，更其作役。[1]

在汉代，昼夜漏刻制度（变更昼夜漏刻长短的制度）虽有改变，但“日出前二刻半为旦，日没后二刻半为昏”的规定是固定的。按照这种规定，欲定昏旦时刻，需要先定日出日落时刻，但这样的做法会使得无法在旦时刻测量旦中星。因此，测昏旦中星的实际操作大概是以冬至日为例，按照经验已定出当日昼漏刻 45 刻，夜漏刻 55 刻，当夜漏刻至 55 刻时，其时即为旦，昼漏刻至 45 刻时，其时为昏，在这两个时间点测量昏旦中星。这样一来，漏刻的精度就会影响到昏旦时刻的认定，进而影响到太阳宿度的测量精度，这在前文日食宿度部分的讨论中已经提及。

对于用昏旦中星定太阳所在宿度这一方法的测量精度，江晓原认为昏旦中星法的精度不可能很高，并列出了它的三个误差缘由：漏壶误差、定日出日落误差、浑仪误差。[2]《中国古代历法》中提到东汉中期以昏旦中星法实测冬至点位置有 2° 左右的误差，其中也提到了昏旦时刻不易测准的原因。[3] 实际上，就漏刻计时而言，西汉使用单级漏刻，东汉开始使用二级漏刻。根据华同旭的研究，单级受水型浮箭漏一昼夜

[1]（唐）魏征．隋书天文志上 [A]// 中华书局编辑部．历代天文律历等志汇编（二）[Z]. 北京：中华书局，1976，564.

[2] 江晓原．中国古代对太阳位置的测定和推算 [J]. 中国科学院上海天文台年刊，1985（7）：91–96，91–92.

[3] 张培瑜，陈美东，薄树人，等．中国古代历法 [M]. 北京：中国科学技术出版社，2008，306.

的误差在 7 分钟左右，二级补偿式浮箭漏一昼夜误差在 1 分钟以内。[1] 而在漏刻误差之外，昼夜漏刻长度、浑仪测量以及推算太阳所在宿度公式的误差也会对测太阳所在宿度的精度造成影响，问题在于，我们很难通过理论的数据分析来判断汉代测太阳所在宿度精度的实际情况。

不过，根据前文对日食宿度的分析，可以看到东汉中期的日食宿度误差基本在 1 度以内，这表明其时的冬至点测量误差也在 1 度以内。由此来看，以昏旦中星法定太阳所在宿度的精度并不低。对此，本章第二节将对汉代冬至点观测精度的问题做进一步讨论。

2. 日食食分观测

在汉代的日食记录中，有部分记录了当时的日食食分情况，比如“(高帝）九年六月乙未晦，日有食之，既，在张十三度”“(惠帝七年）五月丁卯，先晦一日，日有食之，几尽，在七星初”“(武帝）征和四年八月辛酉晦，日有食之，不尽如钩，在亢二度”。[2] 遍览汉代日食记录，日食食分尚未有具体食分［如《旧唐书 · 天文志》中记“(唐代宗）大历三年三月乙巳朔，日有食之，自午亏至后一刻，凡食十分之六分半”］的描述，而只大略分为两类——“尽与不尽”。“尽”者多记为“既”，当属全食，“不尽”者写为“几尽”“不尽如钩”等，应为偏食。除此之外，汉代日食记录中还有日食初亏方向的记载，如“(武帝）元光元年七月癸未，先晦一日，日有食之，在翼八度。……日中时食从东北，过半，晡时复”“(武帝）元狩元年五月乙巳晦，日有食之，在柳六度。京房《易传》推以为，是时日食从旁右”“(武帝）征和四年八月辛酉晦，日有食之，不尽如钩，在亢二度。晡时食从西北，日下晡时复”。[3]

---

[1] 华同旭 . 中国漏刻 [M]. 合肥：安徽科学技术出版社，1991，153–168.

[2]（西汉）班固 . 汉书 · 五行志 [M]. 北京：中华书局，1965，1503.

[3]（西汉）班固 . 汉书 · 五行志 [M]. 北京：中华书局，1965，1503.

相比于《汉书·五行志》,《后汉书·五行志》几乎不见食分和初亏方向的记载，这可能是东汉时这些内容已是常规的观测内容，所以不载于正史。汉代星占学的内容或可为此提供佐证。在《开元占经》的“候日蚀”中，分“日蚀从上起”“日蚀从中起”“日蚀从下起”“日蚀后左右起”“日蚀中分日蚀不尽日蚀三毁三复”“日蚀既”等节，取其中部分记载。

《春秋·感精符》曰:“日以上蚀者，子为害。”

甘氏曰:“日蚀从中央起，内乱，兵大起，更立太子。”

甘氏曰:“日蚀从下者，王室女淫自恣，此臣下当有动，师众行军；又曰失于事，将当之。”

京氏曰：“日蚀左为噬嗑，火烧民。”京氏曰：“日蚀从傍起者，为兵从其方起，黎庶为乱。”

京氏曰:“日蚀右，皆为贲；火烧诸侯，必有异灾起。”

《荆州占》曰:“日蚀,有亡其国者；少半蚀,少半亡：半蚀,半亡。”甘氏曰:“日蚀过半，必有亡国，期一年。”

《河图》曰:“日蚀尽者，王位也：不尽者，大臣位也；近期三月，远期三年。”

石氏曰:“日蚀尽，其国大人亡：不尽，相去。”[1]

在汉代的星占学中，其日食占已经涉及日食食分和初亏方向等内容，这些占辞内容自有其观测的依据，反过来，出于星占的需要，汉代在日食观测时也需要观测这些内容。尤其在谶纬之学盛行的东汉，这种观测应会更加详尽和常规化，以便更好地结合谶纬之说。

由于太阳光强，肉眼并不能长时间地直接观测日食。《开元占经》中记载：“京房《日蚀占》曰：‘日之将蚀也，五龙先见于日傍：青龙见

[1]（唐）瞿昙悉达．开元占经 [M]. 北京：九州出版社，2012，96-99.

于日左，以春蚀；赤龙见于日上，以夏蚀；……置盆水庭中，平旦至暮视之，则龙见。'"[1] 有些人认为这是通过水面反射来观测日食的最早记载，但此载实际上是为看见龙（气），而非观察日食。最早述及日食观测具体方法的记载见宋程大昌《演繁露》："台官即道山下，以盆贮油，对日景候之时，既及已，云忽骤起，少选云退，则日轮西北角微有亏阙，约其所欠，殆不及一分。"[2] 朱文鑫也在《天文考古录》"中国日斑史"一文中写过："宋程大昌演繁露，述及以盆贮油，观望日食。想古人测验日斑，或亦有用此法也。予十六岁时（光绪二十四年）阴历元旦，先父以淡墨水置面盆中，观望日食甚清晰。"[3] 除此之外，德效骞曾提出汉代司天人员在观测日食时使用过墨色水晶或半透明的玉石的观点，但并无明确的文字记录。[4]

综合来看，汉代应存在一种"有效"的日食观测方法，特别是汉代星占和日食记录中涉及"日食过半，少半"等内容，说明汉代已能观测到这些细节。一般来说，肉眼直接观测的方法达不到此种效果。对于这种"有效"的日食观测方法的具体内容，或许可以期待考古学提供新证据。

3. 日食时刻观测

与日食食分类似，汉代日食记录中仅有少数几条记录记载了当时的日食时刻，并且只见于《汉书·五行志》，如"（武帝）元光元年七月癸未……日中时食从东北，过半，晡时复""（武帝）征和四年八月辛酉晦，日有

---

[1]（唐）瞿昙悉达．开元占经 [M]. 北京：九州出版社，2012，89.

[2]（宋）程大昌．演繁露 [A]// 乾隆御修．景印文渊阁四库全书第八五二册 [Z]. 台北：台湾商务印书馆，1986，72.

[3] 徐振韬，蒋窈窕．中国古代太阳黑子研究与现代应用 [M]. 南京：南京大学出版社，1990，54.

[4] 徐振韬，蒋窈窕．中国古代太阳黑子研究与现代应用 [M]. 南京：南京大学出版社，1990，54.

食之，不尽如钩，在亢二度。晡时食从西北，日下晡时复”。[1] 在汉代的星占理论中，同样有关于日食时刻的占辞，如《开元占经》“候日蚀”中的“日蚀早晚所主”小节中记载：

甘氏曰：“日出至早食时蚀为齐；食时至籔中食为楚；籔中至日中蚀为周；日中至日鐘蚀为秦；日鐘至日晡蚀为魏；晡时至日夕蚀为燕；日夕至日入蚀为代；皆为不出三年，当之者国有丧。”[2]

结合汉代星占和谶纬的材料，发现汉代对日食时刻的记录似乎不按“百刻制”，而按“十二时制”或“十六时制”，这也许跟当时的星占需求有关。当然，由于缺少当时日食时刻记录的一手资料，我们不能断言汉代没有使用过“百刻制”记日食时刻。

另外值得一提的是，天文学上（如日食时刻）的记载可以为研究汉代时制问题提供帮助。一般而言，汉代并用十二时制和百刻制，根据专业研究，西汉时还用十六时制[3][4]，同时汉哀帝和王莽时曾用一百二十刻制[5][6]。基于这些内容，这里将针对天文观测时使用何种方法计时进行一些简要的讨论。

对西汉日食记录中的两条日食时刻记录，通过 skymap11.0 回推当日的日食情况。“（武帝）元光元年七月癸未”此条记“日中时食从东北，过半，晡时复”，当日北京时间 12 时 40 分左右日食开始初亏，北京时间 15 时 17 分左右复圆，西安的正午时刻为北京时间 12 时 46 分 32

[1]（西汉）班固 . 汉书 · 五行志 [M]. 北京：中华书局，1965，1503.

[2]（唐）瞿昙悉达 . 开元占经 [M]. 北京：九州出版社，2012，95.

[3] 曾宪通 . 秦汉时制刍议 [J]. 中山大学学报（社会科学版），1992（4）：106-113.

[4] 李天虹 . 秦汉时分纪时制综论 [J]. 考古学报，2012（3）：289-314.

[5]（西汉）班固 . 汉书 · 哀帝纪 [M]. 北京：中华书局，1965，340.

[6]（唐）魏征 . 隋书天文志上 [A]// 中华书局编辑部 . 历代天文律历等志汇编（二）[Z]. 北京：中华书局，1976，565.

秒。“（武帝）征和四年八月辛酉晦”此条记“晡时食从西北，日下晡时复”，当日北京时间 14 时 59 分左右初亏，北京时间 17 时 29 分左右复圆，西安的正午时刻为北京时间 12 时 36 分 16 秒，日落时刻为北京时间 18 时 36 分 11 秒。

在汉代十二时制中，“日中”为午时，“晡时”为申时，没有“下晡时”的名称；在十六时制中，有“日中”“晡时”“下晡时”的名称，但目前尚不确定它们与 24 小时之间准确的对应关系。[1] 对以上两次日食的记录时刻进行分析，若按十六时制（等间距对应法）换算，其与回推的日食时刻基本相符。这一方面说明日食时刻的记录确系实测，另一方面也为西汉中后期使用十六时制提供了佐证。

汉代在天文观测时如何计时是一个复杂的问题，它不仅涉及时制、漏刻、日晷等的源流发展，还要考虑实际的操作。关于汉代漏刻计时和时制的问题，笔者有一个设想：西汉时有多种时制并行，其中的十六时制可能有别于十二时制和百刻制，它的各个时刻节点间的间距随昼夜长短变化，表现为刻箭上各个时刻节点等分，而刻箭长短不同，其各个时刻节点的间距也就不同。

汉代的冬至点观测

在中国古代，冬至点的重要性不言而喻。一方面，冬至点作为历法

[1] 李天虹．秦汉时分纪时制综论 [J]. 考古学报，2012（3）：289–314.

的起算点，关系到历法的准确度，而“历者天地之大纪”[1]，关乎统治；另一方面，冬至点和古代政治、文化、生活等有密切的关联，自然地受到关注。汉代作为中国古代天文学“于不定中取定”的时代，冬至点问题受到了更多的关注。在汉代，冬至点问题实际上可以分为两个方面，一方面是冬至点的时间问题，结合汉代天文学的发展来讲，就是确定哪天是冬至日；另一方面是冬至点的位置问题，即确定冬至时太阳的所在宿度。

（一）以观测定冬至时刻

中国古代以“日南至”当日为冬至日，而确定日是否南至，需要使用一种原始的天文观测方法——圭表测影。圭表测影作为汉代司天官员的常规天文观测方法，其形制在汉代已经基本确定，即以八尺之表来测量日中表影。[2] 相比于浑仪等仪器，圭表测影相对简单。对地处北半球的人来说，正午时太阳总在南中天，则正午时使用圭表可以测得日中表影长度，一年中影长最长的一天即为冬至日。在汉代，圭表测影定冬至日仍会有两三日的误差，这种大误差直到刘宋何承天才得到改善。[3] 但笔者发现，汉代确定冬至并非完全依靠圭表测影，它还同历算推步等因素有关。

对冬至时刻而言，当一部历法制订之后，其后每年的冬至时刻就可以通过回归年长度计算出来，因此这里主要讨论汉代如何以观测确定“起始”的冬至时刻。

---

[1]（西汉）班固．汉书律历志上 [A]// 中华书局编辑部．历代天文律历等志汇编（五）[Z]. 北京：中华书局，1976，1403.

[2] 伊世同．量天尺考 [J]. 文物，1978（2）：10–18，15–16.

[3] 陈美东．论我国古代冬至时刻的测定及郭守敬等人的贡献 [J]. 自然科学史研究，1983，2（1）：51–60，55.

关于汉代所用历法，太初改历之前所用的历法仍未明确，太初改历至西汉灭亡这段时间里，用《太初历》，自王莽新政至元和二年间，用《三统历》，元和二年至东汉亡，用《后汉四分历》。一般认为，《三统历》是刘歆（约前 53—23）在《太初历》基础上略作改动而定，《中国古代历法》中对《三统历》和《太初历》的异同有专章讨论。[1] 而汉代确定“起始”冬至时刻问题实际上就是历元确定问题，因此需要对太初改历和元和二年改历这两次改历中的历元确定问题进行分析。

西汉太初元年（公元前 104 年），改行《太初历》，以太初元年岁前十一月甲子夜半（公元前 105 年 12 月 25 日 0 时）为历元冬至。按张培瑜《三千五百年历日天象》中数据，公元前 105 年冬至发生在北京时间 11 月 23 日 20 时 [2]，考虑到西安地方时比北京时间晚 44 分钟左右，西安当时的冬至时刻应为公元前 105 年 11 月 23 日 19 时 16 分。则《太初历》所定历元冬至时刻后天 28 小时 44 分钟。

东汉元和二年（公元 85 年），改行《后汉四分历》，以汉文帝后元三年岁前十一月甲子夜半（公元前 162 年 12 月 25 日 0 时）为近距历元冬至。按张培瑜《三千五百年历日天象》中数据，公元前 162 年冬至发生在北京时间 11 月 24 日 23 时 37 分 [3]，洛阳地方时比北京时间晚 30 分钟左右，洛阳当时的冬至时刻应为公元前 162 年 11 月 24 日 23 时 7 分。《后汉四分历》所定近距历元冬至时刻先天 53 分钟。而元和二年的冬至时刻按《后汉四分历》推算，为十一月廿日乙未 50 刻（公元 85 年 12 月 24 日 12 时），其年冬至实际发生在北京时间 12 月 22

---

[1] 张培瑜，陈美东，薄树人，等．中国古代历法 [M]. 北京：中国科学技术出版社，2008，250-301.

[2] 张培瑜．三千五百年历日天象 [M]. 郑州：大象出版社，1997，914.

[3] 张培瑜．三千五百年历日天象 [M]. 郑州：大象出版社，1997，913.

日 18 时 24 分[1]，相当于洛阳地方时 12 月 22 日 17 时 54 分，则元和二年冬至后天 42 小时 6 分钟。

由于汉代圭表测影的精度不高，若以圭表测影定冬至时刻，可能有两三日的误差。这是当时的现实情况，因此，尽管汉代在改历时仍用圭表测影，特别是《汉书·律历志》中提到，太初改历时“乃定东西，立晷仪，下漏刻，以追二十八宿相距于四方，举终以定朔晦分至，躔离弦望”[2]，但圭表测影这种方法并不能用来确定冬至时刻，它在当时只是一种辅证。

根据上述分析可以明确，汉代的历元冬至时刻并不是以圭表测影定出的，所以汉代所定历元冬至时刻的误差实际上和圭表测影的误差没有直接关系，对汉代改历确定历元的问题，本书第四章将详细讨论。实际上，由于圭表测影精度较低，加之没有以冬至前后表影推定冬至时刻的推算方法（祖冲之法），汉代的冬至时刻肯定不会由圭表测影来确定。

（二）以观测定冬至日太阳所在宿度

之前已经介绍过昏旦中星法定太阳所在宿度的相关内容，本节不再另做介绍。相比于后世，汉代对太阳所在宿度更为关注，自太初改历至东汉，尤其在东汉改（四分）历期间，冬至日太阳所在宿度（即冬至点位置）问题被司天官员们重点关注。

西汉时，人们已经以昏旦中星法定冬至点位置，由于西汉早期昏明定义的不确定性，笔者将三刻和二刻半两种昏明定义都纳入考量。[3]《汉

[1] 张培瑜．三千五百年历日天象 [M]. 郑州：大象出版社，1997，918.

[2]（西汉）班固．汉书律历志上 [A]// 中华书局编辑部．历代天文律历等志汇编（五）[Z]. 北京：中华书局，1976，1401.

[3] 孙小淳．关于汉代的黄道坐标测量及其天文学意义 [J]. 自然科学史研究，2000，19（2）：143-154，144.

书·天文志》中记载："日东行，星西转，冬至昏，奎八度中；夏至，氐十三度中；春分，柳一度中；秋分，牵牛三度七分[1]中。此其正行也。"[2]尽管不知道这四个昏中星观测数据从何而来（某年所测或者数年所测的平均数据），但仍可以依此做相关的分析。

由于上述只有昏中星宿度的数据，假定西汉时已经掌握（东汉时记载的）以昏中星度配合昼夜漏刻长度推定太阳所在宿度的方法，另西汉时仍应以冬至昼长 40 刻，夏至昼长 60 刻，春秋分昼长 50 刻。[3][4]分别代入日出前三刻为旦和二刻半为旦的定义进行计算（周天度按 365.25 度算），结果如下。

以日出前三刻为旦时，冬至太阳所在宿度在斗 21 度，春分时在奎 14 度，夏至时在井 19 度，秋分时在角 1 度。

以日出前二刻半为旦时，冬至太阳所在宿度在斗 23 度，春分时在奎 16 度，夏至时在井 26 度，秋分时在角 3 度。

若按平气和"日日行一度"算，以日出前二刻半为旦的情况为例，当冬至日所在斗 23 度时，春分日所在奎 16 度，夏至日所在井 27 度，秋分日所在角 7 度，而西汉中后期时历法中的二分二至与理论二分二至误差在 3 天以内，可见记录的数据确系实测。（若非实测，夏至日所在记录值与理论值应在 3 度以内。）

值得注意的是，若以上述结果做误差讨论，需要考虑三个问题：一是西汉时可能尚未掌握东汉时的以昏中星度结合昼夜漏刻长度推算太阳

[1] 此处按分母 32 计算。

[2]（西汉）班固．汉书天文志 [A]// 中华书局编辑部．历代天文律历等志汇编（一）[Z]. 北京：中华书局，1976，89.

[3]（唐）魏征．隋书天文志上 [A]// 中华书局编辑部．历代天文律历等志汇编（二）[Z]. 北京：中华书局，1976，564-565.

[4] 陈美东．中国科学技术史·天文学卷 [M]. 北京：科学出版社，2003，134.

所在宿度的方法；二是此记录的冬至昏中星数据是哪年所测还是数年观测平均而得未知，其误差分析只能大略而论；三是西汉时历法所定冬至后天 1~2 日，因此在误差分析中需要以历法所定冬至日的太阳所在宿度为标准值。这样看来，能得出的肯定结论是西汉冬至点位置的观测误差大于 1 度。

根据前人研究，刘歆知道《太初历》当时的冬至点位置在“牵牛前五度”，而在制订《三统历》时他还进行过冬至点位置的实测，其结果是“牵牛前四度五分”。[1]《太初历》以太初元年岁前夜半冬至为历元，其时间为公元前 105 年 12 月 25 日 0 时，回推当日的日中太阳位置在斗 24.76 度，而在“是非坚定”的元凤六年（公元前 75 年）岁前冬至（公元前 76 年 12 月 25 日），其回推日中太阳位置在斗 24.25 度；《三统历》在公元前 7 年行用，其年岁前（历法）冬至为公元前 8 年 12 月 25 日，回推当日的日中太阳位置在斗 23.73 度，考虑到刘歆实测冬至点位置的时间应在《三统历》行用之前，又回推汉鸿嘉元年（公元前 20 年）岁前冬至（公元前 21 年 12 月 25 日）的日中太阳位置，在斗 24.12 度。由此可见，若太初改历当时实测的冬至点位置确在“牵牛前五度”，即斗 21.25 度[2]，而刘歆为制订《三统历》测定的冬至点位置“牵牛前四度五分”，约斗 22.09 度，那么，刘歆对冬至点位置的观测精度显然高于太初改历时的观测精度，而非前人以为的不如[3]。

综合上述的分析，笔者认为，西汉时对冬至点位置的观测精度尚在

[1] 张培瑜，陈美东，薄树人，等．中国古代历法 [M]. 北京：中国科学技术出版社，2008，300.

[2] 此换算按《续汉书·律历志》中“日在斗二十一度，未至牵牛五度”的理解，若按一般理解换算，牵牛前 5 度应为斗 22.25 度。

[3] 张培瑜，陈美东，薄树人，等．中国古代历法 [M]. 北京：中国科学技术出版社，2008，299-300.

1 度以外，太初改历时的冬至点位置的观测精度在 2~3 度，而西汉末年刘歆对冬至点位置的观测精度在 1~2 度。

东汉时的冬至点位置观测已经相当成熟，前文中已经说明过其过程方法，下面主要讨论其观测精度的问题。按《续汉书·律历志》中记载：

逵论曰："《太初历》冬至日在牵牛初者，牵牛中星也。古黄帝、夏、殷、周、鲁冬至日在建星，建星即今斗星也。《太初历》斗二十六度三百八十五分，牵牛八度。案行事史官注，冬、夏至日常不及《太初历》五度，冬至日在斗二十一度四分度之一。《石氏星经》曰：'黄道规牵牛初直斗二十度，去极二十五度。'于赤道，斗二十一度也。《四分法》与行事候注天度相应。《尚书考灵曜》'斗二十二度，无余分，冬至在牵牛所起'。又编欣等据今日所在未至牵牛中星五度，于斗二十一度四分一，与《考灵曜》相近，即以明事。元和二年八月，诏书曰'石不可离'，令两候，上得算多者。太史令玄等候元和二年至永元元年，五岁中课日行及冬至斗二十一度四分一，合古历建星《考灵曜》日所起，其星闲距度皆如石氏故事。他术以为冬至日在牵牛初者，自此遂黜也。"[1]

按前人研究，《太初历》实际以建星或牵牛前五度为冬至点，《三统历》才以牵牛初为冬至点。[2] 在元和二年的改历理由中，"日、月宿度相觉浸多，而候者皆知冬至之日日在斗二十一度，未至牵牛五度"[3] 是十分重要的一条理由，对于这个问题，当时除了引经据典论证之外，最

[1]（晋）司马彪．续汉书律历志中 [A]// 中华书局编辑部．历代天文律历等志汇编（五）[Z]. 北京：中华书局，1976，1481-1482.

[2] 张培瑜，陈美东，薄树人，等．中国古代历法 [M]. 北京：中国科学技术出版社，2008，299-300.

[3]（晋）司马彪．续汉书律历志中 [A]// 中华书局编辑部．历代天文律历等志汇编（五）[Z]. 北京：中华书局，1976，1480.

终由“元和二年至永元元年,五岁中课日行及冬至斗二十一度四分一”[1]盖棺定论，定冬至点宿度在斗二十一度四分度之一。

前文提到，前人研究中认为《后汉四分历》实测冬至点宿度约有2度的误差[2]。东汉元和二年改行的《后汉四分历》以汉文帝后元三年岁前十一月甲子夜半（公元前161年12月25日0时）为近距历元，据此可以推定出元和二年（公元85年）至永元元年（公元89年）五年中的冬至日，依次为公元85年12月24日、公元86年12月24日、公元87年12月25日、公元88年12月24日、公元89年12月24日。通过skymap11.0回推了这五天（洛阳）正午时的太阳所在宿度，依次为斗21.64度、斗21.35度、斗22.19度、斗21.89度、斗21.61度，其平均值为斗21.74度，与斗21.25度仅相差0.49度。因此,《后汉四分历》实测冬至点宿度误差在1度以内，而非过去以为的2度左右误差。更进一步地推测，东汉时其浑仪观测天体宿度的精度在1度以内，可以和前人《石氏星经》研究所得结论[3][4][5][6][7]进行比较分析。

[1]（晋）司马彪.续汉书律历志中[A]// 中华书局编辑部.历代天文律历等志汇编（五）[Z].北京：中华书局，1976，1482.

[2] 张培瑜，陈美东，薄树人，等.中国古代历法[M].北京：中国科学技术出版社，2008，306.

[3] 薮内清.汉代观测技术和石氏星经的出现[J].东方学报（京都），1959，第30册.

[4] Y. MAEYAMA, FRANKFURT. The Oldest Star Catalogue of China: Shih Shen’s Hsing Ching[J]. PI MATA, Wiesbaden, 1977，211−245.

[5] 潘鼐.中国恒星观测史[M].上海：学林出版社，1989，53.

[6] 孙小淳.汉代石氏星官研究[J].自然科学史研究，1994，13（2）：129−139.

[7] 胡维佳.唐籍所载二十八宿星度及“石氏”星表研究[J].自然科学史研究，1998，17（2）：139−157.

汉代对太阳运动的观测

本章前两节分别就日食观测和冬至点观测进行了讨论，它们是当时人们极为关心的两个问题。除这两个问题之外，汉代对太阳运动也有比较多的讨论。对汉代人而言，太阳运动大致可以分成两块内容：太阳的运行速度和太阳的运行轨道。虽然汉代人不能像现代人一样直接观测太阳运动，但凭借积年观测的经验，他们同样形成了关于太阳运动的认识和理论，西方亦然。

（一）太阳的运行速度

对汉代人而言，太阳“日行一度”大概是没有异义的常理，尽管不能明确“日日行一度”的起源，但至晚在西汉中期，此说已有流传。按《淮南子・天文训》记载：“日冬至峻狼之山，日移一度，凡行百八十二度八分度之五，而夏至牛首之山，反覆三百六十五度四分度之一，而成一岁。”[1] 又刘向（约前77—前6）所作《五纪论》言：“日月循黄道，南至牵牛，北至东井，率日日行一度，月行十三度十九分度七。”[2]《论衡・说日篇》中述盖天说时也曾提及：“儒者说曰：‘日行一度，天一日一夜行

[1] 刘文典，冯逸，乔华．淮南鸿烈集解 [M]. 北京：中华书局，2016，113.

[2]（晋）司马彪．续汉书律历志中 [A]// 中华书局编辑部．历代天文律历等志汇编（五）[Z]. 北京：中华书局，1976，1483.

三百六十五度。天左行，日月右行，与天相迎。'"[1] 直至东汉，“日日行一度”一直被作为“正确”的认识。

如果细考史料，则会发现，“日日行一度”在西汉时人看来，只是太阳一年中“平均”每日行一度，日行实际有迟疾。《汉书 · 天文志》中的记载“凡君行急则日行疾，君行缓则日行迟。日行不可指而知也，故以二至二分之星为候”[2] 很清楚地说明了此点。但西汉时所言的“日行迟疾”与北魏张子信（生卒年不详）发现的太阳运动不均匀性并不完全相同。西汉时的“日行迟疾”显然受到“天人感应”思想的影响，但同时，它也与实际观测有关。在前文中已对西汉时的二至二分昏中星度记录进行了分析，在以日出前二刻半为旦的情况中，算出冬至日所在斗22 度，春分奎 16 度，夏至井 21 度，秋分角 3 度。而严格按平气和“日日行一度”算，当冬至日所在斗 22 度时，春分日所在奎 16 度，夏至日所在井 27 度，秋分日所在角 7 度，从这个角度来讲，西汉时实际已发现“日行有迟疾”的现象，冬至至春分日行约 91.7 度，春分至夏至日行约 84.7 度，夏至至秋分日行约 93.8 度，秋分至冬至日行约 95.1 度。并且这组数据与张子信“日行在春分后则迟，秋分后则速”[3] 的说法相合，足见西汉时“日行迟疾”已被观测到。区别处只在西汉时认为“日行迟疾”非“常理”，而与君主施政急缓有关，张子信则认为“日行迟疾”乃是可以推算的“常理”。事实上，不仅“日行迟疾”问题上有此转变，“月行迟疾”从西汉到东汉也经历了类似的转变。

东汉对“日日行一度”的看法不同于西汉。首先，在东汉的天文历

[1]（汉）王充，黄晖．论衡校释·说日篇 [M]. 北京：中华书局，1990，501.

[2]（西汉）班固．汉书天文志 [A]// 中华书局编辑部．历代天文律历等志汇编（一）[Z]. 北京：中华书局，1976，89.

[3]（唐）魏征．隋书天文志中 [A]// 中华书局编辑部．历代天文律历等志汇编（二）[Z]. 北京：中华书局，1976，599.

法记载中，未见“日行迟疾”之说；其次，《续汉书·律历志》记载：

逵论曰：“臣前上傅安等用黄道度日月弦望多近。史官一以赤道度之，不与日月同，于今历弦望至差一日以上，辄奏以为变，至以为日却缩退行。于黄道，自得行度，不为变。愿请太史官日月宿簿及星度课，与待诏星象考校。奏可。臣谨案：前对言冬至日去极一百一十五度，夏至日去极六十七度，春秋分日去极九十一度。《洪范》‘日月之行，则有冬夏’。《五纪论》‘日月循黄道，南至牵牛，北至东井，率日日行一度，月行十三度十九分度七’也。今史官一以赤道为度，不与日月行同，其斗、牵牛、东井、舆鬼，赤道得十五，而黄道得十三度半；行东壁、奎、娄、轸、角、亢，赤道七度，黄道八度；或月行多而日月相去反少，谓之日却。”[1]

其中说“于黄道，自得行度，不为变”，又说“日却”非日却，只是因为测量时错用赤道坐标，从而引起差误，使人误以为“日却”。最后，考察《汉书·律历志》中定于熹平三年（公元 174 年）的二十四节气日所在表，其中相邻节气间隔$15\frac{7}{32}$日，其日所在赤道宿度和黄道宿度都对应间隔$15\frac{7}{32}$度。由此可见，东汉时认为太阳每日行一度。事实上，根据笔者的研究，定于熹平三年的二十四节气日所在表并非实测。以秋分日所在为例，表中记秋分（夜半）日所在角四度三十分，相当于角 4 度，其年四分历中的秋分日在公元 174 年 9 月 24 日（44 刻），理论秋分日也在公元 174 年 9 月 24 日（63 刻），当日的理论日中太阳宿度在角 1.9 度，与记录的日中太阳宿度角 5.4 度（$4\frac{30}{32}$度 +0.5 度）相差 3.5 度，按之前得出的东汉太阳宿度观测精度在 1 度以内的结论，此秋分日所在记录不会是实测所得。换言之，如果东汉时实测二十四节气日所在，

[1]（晋）司马彪．续汉书律历志中 [A]// 中华书局编辑部．历代天文律历等志汇编（五）[Z]. 北京：中华书局，1976，1482-1483.

必然会观测到“日行迟疾”的现象。有趣的是，后来刘宋戴法兴（414—465）提出“日有缓急”的命题时，祖冲之（429—500）言“日有缓急，未见其证”[1]，而戴法兴无有证据，最终祖冲之宁信其无。[2]

（二）太阳的运行轨道

汉代对太阳的运行轨道已有清楚的认识，简而言之，太阳行黄道。《汉书·天文志》中记载：“日有中道，月有九行。中道者，黄道。一曰光道。光道北至东井，去北极近；南至牵牛，去北极远；东至角，西至娄，去极中。”[3]

西汉时人们已经明确知道，太阳的运行轨道是黄道。到东汉时，“日行黄道”仍无问题，但是否以黄道（坐标）观测日月行引发了争论。《续汉书·律历志》记载：

逵论曰：“臣前上傅安等用黄道度日月弦望多近。史官一以赤道度之，不与日月同，于今历弦望至差一日以上，辄奏以为变，至以为日却缩退行。于黄道，自得行度，不为变。愿请太史官日月宿簿及星度课，与待诏星象考校。奏可。臣谨案：前对言冬至日去极一百一十五度，夏至日去极六十七度，春秋分日去极九十一度。《洪范》‘日月之行，则有冬夏’。《五纪论》‘日月循黄道，南至牵牛，北至东井，率日日行一度，月行十三度十九分度七’也。今史官一以赤道为度，不与日月行同，其斗、牵牛、东井、舆鬼，赤道得十五，而黄道得十三度半；行东壁、奎、娄、轸、角、亢，赤道七度，黄道八度；或月行多而日月相去反少，谓

[1]（南朝梁）沈约．宋书律历志下[A]//中华书局编辑部．历代天文律历等志汇编（六）[Z]．北京：中华书局，1976，1768.

[2] 陈美东．中国科学技术史·天文学卷[M]．北京：科学出版社，2003，299.

[3]（西汉）班固．汉书天文志[A]//中华书局编辑部．历代天文律历等志汇编（一）[Z]．北京：中华书局，1976，88.

之日却。案黄道值牵牛，出赤道南二十五度，其直东井、舆鬼，出赤道北二十五度。赤道者为中天，去极俱九十度，非日月道，而以遥准度日月，失其实行故也。以今太史官候注考元和二年九月已来月行牵牛、东井四十九事，无行十一度者；行娄、角三十七事，无行十五六度者，如安言。问典星待诏姚崇、井毕等十二人，皆曰'星图有规法，日月实从黄道，官无其器，不知施行。'"[1]

日月虽从黄道，但无仪器，故难以从黄道观测日月行。因此后来：

至十五年七月甲辰，诏书造太史黄道铜仪，以角为十三度，亢十，氐十六，房五，心五，尾十八，箕十，斗二十四四分度之一，牵牛七，须女十一，虚十，危十六，营室十八，东壁十，奎十七，娄十二，胃十五，昴十二，毕十六，觜三，参八，东井三十，舆鬼四，柳十四，星七，张十七，翼十九，轸十八，凡三百六十五度四分度之一。冬至日在斗十九度四分度之一。史官以部日月行，参弦望，虽密近而不为注日。仪，黄道与度转运，难以候，是以少循其事。[2]

东汉虽造黄道铜仪，但最终"少循其事"，其原因是"仪，黄道与度转运，难以候"。关于此说，前人的解释[3][4]或有遗误。根据了解，东汉造黄道仪时，日行（宿度）实际不用黄道仪测，而且当时日行在人们看来已无须测，无论对黄道还是赤道，太阳都是日行一度，只要知道冬至太阳宿度，其后太阳宿度自然可知。所以黄道仪最主要的功能是测月

[1]（晋）司马彪．续汉书律历志中 [A]// 中华书局编辑部．历代天文律历等志汇编（五）[Z]. 北京：中华书局，1976，1482–1483.

[2]（晋）司马彪．续汉书律历志中 [A]// 中华书局编辑部．历代天文律历等志汇编（五）[Z]. 北京：中华书局，1976，1483–1484.

[3] 陈美东．中国科学技术史・天文学卷 [M]. 北京：科学出版社，2003，181.

[4] 吴守贤，全和钧．中国古代天体测量学及天文仪器 [M]. 北京：中国科学技术出版社，2008，435.

行，并以此参校弦望。但我们知道，月亮所行的白道在黄道附近，因此晚上观测月行时，黄道环很容易遮挡月亮，从而造成观测读数困难，后世黄道环用双环以及简仪的构造都考虑到此问题。所以“黄道与度转运”实际说的是黄道和月行一同转动，所以月行“难以候”。

汉代对太阳去极度的观测

在汉代对太阳的观测中，人们主要关注太阳入宿度的问题，但为了准确描述太阳在天空中的位置，人们还需知道太阳的去极度。自西汉至东汉，人们对太阳去极度观测的认识和方法都有改变。

西汉时，按《汉书·律历志》记载：

中道者，黄道。一曰光道。光道北至东井，去北极近；南至牵牛，去北极远；东至角，西至娄，去极中。夏至至于东井，北近极，故晷短；立八尺之表，而晷景长尺五寸八分。冬至至于牵牛，远极，故晷长；立八尺之表，而晷景长丈三尺一寸四分。春秋分日至娄、角，去极中，而晷中；立八尺之表，而晷景长七尺三寸六分。此日去极远近之差，晷景长短之制也。去极远近难知，要以晷景。晷景者，所以知日之南北也。[1]

人们已经知道太阳夏至时去极最近，冬至时去极最远。但“去极远近难知，要以晷景。晷景者，所以知日之南北也”，可见当时还不能直

[1]（西汉）班固．汉书天文志 [A]// 中华书局编辑部．历代天文律历等志汇编（一）[Z]. 北京：中华书局，1976，88.

接去测量太阳的去极度，要知道太阳去极远近还必须借助圭表测影。

而到东汉时，《续汉书·律历志》记载：

逵论曰："臣前上傅安等用黄道度日月弦望多近。史官一以赤道度之，不与日月同，于今历弦望至差一日以上，辄奏以为变，至以为日却缩退行。于黄道，自得行度，不为变。愿请太史官日月宿簿及星度课，与待诏星象考校。奏可。臣谨案：前对言冬至日去极一百一十五度，夏至日去极六十七度，春秋分日去极九十一度。"[1]

又言"黄道去极，日景之生，据仪、表也"[2]，可见其时不仅知道二至二分的太阳去极度，而且能够用浑仪直接测量太阳去极度。

既然东汉时已经能直接观测太阳去极度，那么其观测精度和观测方法就成为可以研究的问题。通过《续汉书·律历志》中的二十四节气日所在、黄道去极、晷景、漏刻、昏明中星表（在表 1–7 中将其列出），首先对东汉时太阳去极度观测的精度进行分析。

表 1–7　东汉二十四节气日所在、黄道去极、晷景、漏刻、昏明中星表

节气	日所在	黄道去极（度）	晷景（尺）	昼漏刻（刻）	夜漏刻（刻）	昏中星	旦中星
冬至	斗 $21\frac{8}{32}$	115	13.00	45	55	奎 $5\frac{11}{12}$	亢 $2\frac{4}{12}$
小寒	女 $2\frac{7}{32}$	$113\frac{1}{12}$	12.30	45.8	54.2	娄 $6\frac{7}{12}$	氐 $7\frac{2}{12}$
大寒	虚 $5\frac{14}{32}$	$110\frac{8}{12}$	11.00	46.8	53.2	胃 $11\frac{7}{12}$	心 $\frac{6}{12}$
立春	危 $10\frac{21}{32}$	$106\frac{4}{12}$	9.60	48.6	51.4	毕 $5\frac{2}{12}$	尾 $7\frac{5}{12}$
雨水	室 $8\frac{28}{32}$	$101\frac{1}{12}$	7.95	50.8	49.2	参 $6\frac{5}{12}$	箕 $\frac{8}{12}$

[1]（晋）司马彪．续汉书律历志中 [A]// 中华书局编辑部．历代天文律历等志汇编（五）[Z]. 北京：中华书局，1976，1482–1483.

[2]（晋）司马彪．续汉书律历志下 [A]// 中华书局编辑部．历代天文律历等志汇编（五）[Z]. 北京：中华书局，1976，1530.

（续表）

节气	日所在	黄道去极（度）	晷景（尺）	昼漏刻（刻）	夜漏刻（刻）	昏中星	旦中星
惊蛰	壁 $8\frac{3}{32}$	$95\frac{1}{12}$	6.50	53.3	46.7	井 $17\frac{2}{12}$	斗 $\frac{3}{12}$
春分	奎 $14\frac{10}{32}$	$89\frac{1}{12}$	5.25	55.8	44.2	鬼 4	斗 $10\frac{11}{12}$
清明	胃 $1\frac{17}{32}$	$83\frac{2}{12}$	4.15	58.3	41.7	星 $4\frac{9}{12}$	斗 $21\frac{6}{12}$
谷雨	昴 $2\frac{24}{32}$	$77\frac{10}{12}$	3.20	60.5	39.5	张 17	牛 $6\frac{6}{12}$
立夏	毕 $6\frac{31}{32}$	$73\frac{2}{12}$	2.52	62.4	37.6	翼 $17\frac{9}{12}$	女 $10\frac{3}{12}$
小满	参 $4\frac{6}{32}$	$69\frac{8}{12}$	1.98	63.9	37.1	角 $\frac{8}{12}$	危 $\frac{8}{12}$
芒种	井 $10\frac{13}{32}$	$67\frac{2}{12}$	1.68	64.9	35.1	亢 $5\frac{9}{12}$	危 $14\frac{1}{12}$
夏至	井 $25\frac{20}{32}$	$67\frac{1}{12}$	1.50	65	35	氐 $12\frac{2}{12}$	室 $12\frac{2}{12}$
小暑	柳 $3\frac{27}{32}$	$67\frac{10}{12}$	1.70	64.7	35.3	尾 $1\frac{10}{12}$	奎 $2\frac{10}{12}$
大暑	星 $4\frac{2}{32}$	70	2.00	63.8	36.2	尾 $15\frac{5}{12}$	娄 $3\frac{9}{12}$
立秋	张 $12\frac{9}{32}$	$73\frac{7}{12}$	2.55	62.3	37.7	箕 $9\frac{10}{12}$	胃 $9\frac{8}{12}$
处暑	翼 $9\frac{16}{32}$	$78\frac{7}{12}$	3.33	60.2	39.8	斗 $10\frac{3}{12}$	毕 $3\frac{9}{12}$
白露	轸 $6\frac{23}{32}$	$84\frac{4}{12}$	4.35	57.8	42.2	斗 $21\frac{1}{12}$	参 $5\frac{5}{12}$
秋分	角 $4\frac{30}{32}$	$90\frac{7}{12}$	5.50	55.2	44.8	牛 $5\frac{3}{12}$	井 $16\frac{4}{12}$
寒露	亢 $8\frac{5}{32}$	$96\frac{10}{12}$	6.85	52.6	47.4	女 $7\frac{9}{12}$	鬼 $3\frac{4}{12}$
霜降	氐 $14\frac{12}{32}$	$102\frac{4}{12}$	8.40	50.3	49.7	虚 $6\frac{9}{12}$	星 $3\frac{10}{12}$
立冬	尾 $4\frac{19}{32}$	$107\frac{4}{12}$	10.00	48.2	51.8	危 $8\frac{1}{12}$	张 $15\frac{10}{12}$

（续表）

节气	日所在	黄道去极（度）	晷景（尺）	昼漏刻（刻）	夜漏刻（刻）	昏中星	旦中星
小雪	箕$1\frac{26}{32}$	$110\frac{11}{12}$	11.40	46.7	53.3	室$3\frac{7}{12}$	翼$15\frac{10}{12}$
大雪	斗$6\frac{1}{32}$	$113\frac{10}{12}$	12.56	45.5	54.5	壁$\frac{7}{12}$	轸$14\frac{11}{12}$

（一）东汉太阳去极度的观测精度

实际上，表 1–7 中只有黄道去极和晷景是实测所得，日所在、昼夜漏刻以及昏旦中星度都非实测而得。考虑到此处主要讨论太阳去极度的观测精度，因此此处只对黄道去极相关问题进行讨论。

在分析东汉太阳去极度的观测精度前，有必要确认表中的黄道去极数是否为实测所得。关于上表中数据是否实测的问题，前人有研究。李鉴澄认为这部分数据中的黄道去极、晷景和昼夜漏刻都是实测所得[1]；《中国古代历法》中有两种说法[2]；而在《中国科学技术史·天文学卷》中，认为黄道去极表是由昼夜漏刻表推算而来；邓可卉则以为昼夜漏刻表是由黄道去极表推算而得[3]。因为各家观点并不一致，所以仍需要对表中黄道去极是否实测问题进行分析。表 1–7 中的二十四节气黄道去极值若非实测所得，就只能是由其他数据推算而得，而其他数据（最可能）是指同列于二十四节气表中的日所在、晷景和昼夜漏刻。因此，分别以二十四节气的日所在、晷景和昼夜漏刻来推算二十四节气的黄道去极。

[1] 李鉴澄．论后汉四分历的晷景、太阳去极和昼夜漏刻三种记录 [J]. 天文学报，1962，10（1）：46–52.

[2] 大概是因为不同作者编写各自章节的原因，书中 37 页提及东汉四分历二十四节气昼夜漏刻表乃刘洪、蔡邕实测；而 308 页和 321 页均提到昼夜漏刻表系由黄道去极远近乘节气之差计算而得。

[3] 邓可卉．东汉空间天球概念及其晷漏表等的天文学意义：兼与托勒玫《至大论》中相关内容比较 [J]. 中国科技史杂志，2010，31（2），199.

以日所在推黄道去极：熹平三年定此二十四节气表时，人们已知道二分二至的黄道去极值，因此可以在浑仪中架设黄道环，根据黄道上日所在，则可以从浑仪上读出二十四节气的黄道去极值。此方法需要先确定一个黄道去极值，以冬至黄道去极 115 度为基准点。

以晷景推黄道去极：可以通过晷景计算出日中太阳高度角，再根据张衡（78—139）《浑天仪注》中所说“北极出地三十六度”，可算出黄道去极值。一般认为东汉时人们还不能进行反三角函数的计算，此项推算可以辅以考证。

以昼夜漏刻推黄道去极：按《续汉书·律历志》记载，“漏刻之生，以去极远近差乘节气之差。如远近而差一刻，以相增损”[1]，这是说昼夜漏刻值是由黄道去极推算而来的，具体的推算规则是“率日南北二度四分而增减一刻”[2]，即黄道去极值减少 2.4 度，昼漏刻增加 1 刻。因为这种换算是相互的，所以也对以昼夜漏刻推黄道去极的可能进行分析。此方法同样需要一个基准点，仍以冬至黄道去极 115 度为基准点。

将以上三种推算可能的黄道去极值推算结果与记载的黄道去极值列于表 1–8。

表 1–8　东汉二十四节气黄道去极与三种推算可能的计算黄道去极值比较表

节气	记录黄道去极值（度）	以日所在推黄道去极值（度）	以晷景推黄道去极值（度）	以昼夜漏刻推黄道去极值（度）
冬至	115.00	115.00	114.56	115.00
小寒	113.08	114.27	113.10	113.08
大寒	110.67	112.07	110.07	110.68

[1]（晋）司马彪．续汉书律历志下 [A]// 中华书局编辑部．历代天文律历等志汇编（五）[Z]. 北京：中华书局，1976，1530.

[2]（晋）司马彪．续汉书律历志中 [A]// 中华书局编辑部．历代天文律历等志汇编（五）[Z]. 北京：中华书局，1976，1486.

（续表）

节气	记录黄道去极值（度）	以日所在推黄道去极值（度）	以晷景推黄道去极值（度）	以昼夜漏刻推黄道去极值（度）
立春	106.33	108.45	106.24	106.36
雨水	101.08	103.52	100.79	101.08
惊蛰	95.08	97.54	94.98	95.08
春分	89.08	90.97	89.07	89.08
清明	83.17	84.40	83.13	83.08
谷雨	77.83	78.42	77.43	77.80
立夏	73.17	73.48	73.05	73.24
小满	69.67	69.86	69.42	69.64
芒种	67.17	67.67	67.35	67.24
夏至	67.08	66.94	66.09	67.00
小暑	67.83	67.67	67.48	67.72
大暑	70.00	69.86	69.55	69.88
立秋	73.58	73.48	73.25	73.48
处暑	78.58	78.42	78.24	78.52
白露	84.33	84.40	84.26	84.28
秋分	90.58	90.97	90.32	90.52
寒露	96.83	97.54	96.48	96.76
霜降	102.33	103.52	102.39	102.28
立冬	107.33	108.45	107.40	107.32
小雪	110.92	112.07	111.05	110.92
大雪	113.83	114.27	113.66	113.80

从表 1–8 中可以看出，二十四节气的黄道去极值与三种推算的黄道去极值都不相符，但其中昼夜漏刻推得的黄道去极与记录黄道去极非常接近，东汉记录黄道去极时的最小刻度为 $\frac{1}{12}$ 度（约 0.08 度），因此

在排除这种可能时主要分析夏至的这组数据。夏至记录黄道去极值为六十七强（约 67.08 度），而推算黄道去极值为 67 度，若记录黄道去极由昼夜漏刻推算而得，那么夏至的黄道去极值应记为六十七，而非六十七强。综上，二十四节气的黄道去极值并非由其他数据推算而得，乃实测而得。

既然二十四节气黄道去极确系实测，接下来对其进行误差分析，以此来讨论其时的黄道去极观测精度。通过现代天文方法回推（Skymap11.0，观测点设在洛阳灵台遗址，纬度为北纬 34 度 41 分 51 秒，经度为东经 112 度 37 分 41 秒），得到（熹平三年）二十四节气对应日期的理论日中黄道去极值，将其与二十四节气记录黄道去极值即表 1–9 进行比较。另将两者差值作出图 1–1 进行展示。

表 1–9　东汉二十四节气记录黄道去极与理论黄道去极比较表

节气	记录黄道去极（度）	二十四节气对应日期的理论日中黄道去极（度）	理论黄道去极度与记录黄道去极度差值（度）
冬至	115.00	115.31	0.31
小寒	113.08	114.14	1.06
大寒	110.67	111.32	0.65
立春	106.33	106.85	0.52
雨水	101.08	101.67	0.59
惊蛰	95.08	95.93	0.85
春分	89.08	89.99	0.91
清明	83.17	83.79	0.62
谷雨	77.83	78.43	0.60
立夏	73.17	73.83	0.66
小满	69.67	70.28	0.61
芒种	67.17	68.04	0.87

（续表）

节气	记录黄道去极（度）	二十四节气对应日期的理论日中黄道去极（度）	理论黄道去极度与记录黄道去极度差值（度）
夏至	67.08	67.30	0.22
小暑	67.83	68.25	0.42
大暑	70.00	70.70	0.70
立秋	73.58	74.47	0.89
处暑	78.58	79.65	1.07
白露	84.33	85.26	0.93
秋分	90.58	91.26	0.68
寒露	96.83	97.71	0.88
霜降	102.33	103.43	1.10
立冬	107.33	108.42	1.09
小雪	110.92	112.28	1.36
大雪	113.83	114.66	0.83

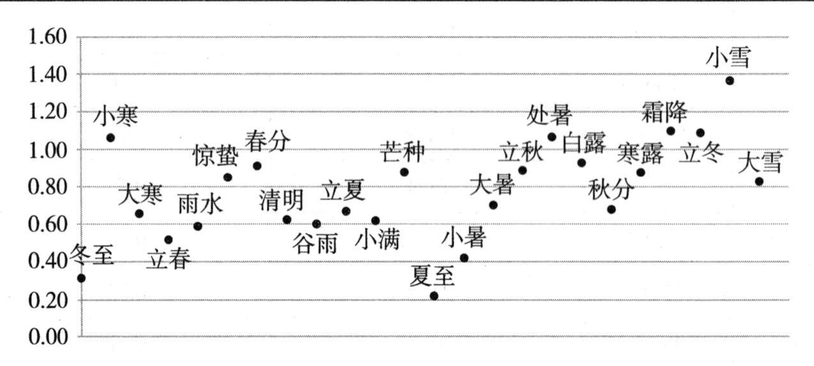

图 1-1　东汉二十四节气记录黄道去极与理论黄道去极误差图

通过数据分析，可以比较明显地看出，记录的黄道去极度中存在系统误差，若此系统误差为固定值，按最小二乘法可以计算得到此系统误差为 0.77 度。若以标准差来衡量记录黄道去极度的观测精度，可根据以下公式

$$\sigma = \sqrt{\frac{1}{N-1}\sum_{i-1}^{N} X_i^2}$$

进行计算（其中 X_i 为理论黄道去极度与记录黄道去极度差值），其值为0.83 度。综上，可以认为东汉的黄道去极度的观测误差约为 0.83 度，而其中的系统误差应是浑仪所设北极位置偏差所致，偏差度数为 0.77 度，东汉时认为北极出地 36 度，而洛阳实际的北极出地只有 35 度左右，若仪器按北极出地 36 度定天北极，则会使得实测的黄道去极度偏小 1 度左右，此结论与前人“石氏星表”研究 [1][2][3][4] 中得到的结论亦相契合。若剔除此系统误差(0.77 度),则观测误差的标准差只有 0.27 度。由此可见，东汉时对黄道去极度的测量已经非常精确，这从侧面说明东汉的浑仪测星也应该十分精确。

（二）东汉太阳去极度的观测方法

前文提到，西汉时人们似乎还不能直接观测太阳去极度，而必须用晷景来判断太阳的去极远近。而到东汉，从二十四节气黄道去极表看，那时已经能够测得相当准确的太阳去极度。这种变化说明东汉时人们使用了一种过去不曾有的新方法来进行太阳去极度的观测，但这种方法未能在史料中找到相应的记载。因此，这里只做一些猜测。

东汉太阳去极度观测的主要仪器应是浑仪，并且此浑仪的子午环上应有周天度刻度，考虑到太阳去极度要在太阳（南）中天时观测，其子

[1] Y. MAEYAMA, FRANKFURT. The Oldest Star Catalogue of China: Shih Shen’s Hsing Ching[J]. PI MATA, Wiesbaden, 1977. 211–245.

[2] 潘鼐 . 中国恒星观测史 [M]. 上海：学林出版社，1989，53.

[3] 孙小淳 . 汉代石氏星官研究 [J]. 自然科学史研究，1994，13（2）：129–139.

[4] 孙小淳 . 关于汉代的黄道坐标测量及其天文学意义 [J]. 自然科学史研究，2000，19（2）：143–154，144.

午环当为双环。接下来要考虑的是如何以浑仪来观测太阳去极度，由于人不能直接用肉眼透过窥管去观测正午的太阳，所以当时应该有一种具体的办法来达成观测的目的。对此有两种推测：第一种是在前文日食观测时提到的一种可能的观测方法，即用墨色水晶或半透明的玉石，具体的操作方法是将此物置于窥管的目视端，这样观测人员就可以直接用窥管指日进行观测读数，从而测出太阳去极度；第二种推测是受到《周髀算经》中“以竹空窥日”（为了测算太阳的直径）说法的启发，若窥管较长，比如八尺，当以窥管指日时，可通过观察太阳光穿过窥管（在水平面上）形成的光斑来判断窥管是否对准了太阳。笔者曾实际操作过，证明此法确实可行。当窥管大致对准太阳时，窥管目视端就会透出太阳光形成光斑，更精确的观测需要以光斑形状来判断窥管是否已对准太阳，目前尚未深入研究此问题，因此还不能了解此种方法的观测精度如何。若此法的观测精度与分析的太阳去极度观测精度相当，那么东汉人很有可能是以此法观测的太阳去极度。

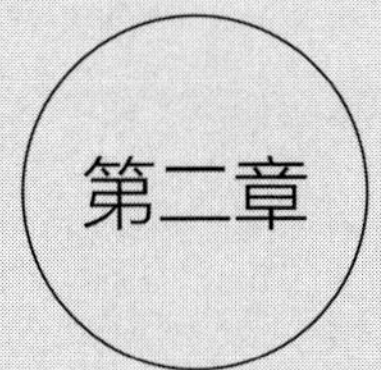

第二章 汉代的月亮和五星观测

中国古代，日月五星并称七曜，《灵宪》中言："文曜丽乎天，其动者七，日、月、五星是也。"[1] 这七个"运动"的天体，占据了古代天文观测的大部分内容。在日、月、五星中，太阳在白天才能观测到，而月亮和五星通常在夜晚观测，因此对以恒星天为参照系的古代天文观测而言，人们观测月亮和五星会更加方便。在此基础上，汉代人可以对月亮和五星进行细致的观测：对月亮观测而言，月食、月相以及月亮的运动状态是人们较为关注的内容；对五星观测而言，五星的运动状态和会合周期是相对重要的内容。本章主要通过对上述内容的研究来探讨汉代对月亮和五星的观测情况，以期更全面地认识和理解汉代的天文观测。

[1]（唐）李淳风．晋书天文志上 [A]// 中华书局编辑部．历代天文律历等志汇编（一）[Z]．北京：中华书局，1975，174.

汉代对月食的观测

在汉代，月食应该算一种相对“正常”的异常天象。对某地而言，见到月食的频率较日食高（日食可见频率约 0.40 次 / 年），但平均 1 年中也只能大约见 0.93 次。[1] 在汉代，人们认为月食相对“正常”的主要原因是汉代人认为自己已经可以预测月食。而月食预测的基础在月食观测，同时月食预测还需要以月食观测来校验结果。前人对汉代月食的研究重点在月食预测，更具体地说在推月食术，而推月食术的基础又在月食周期。本节先讨论月食观测和月食周期的关系，再讨论月食的观测内容及方法。

（一）汉代的月食观测与月食周期

关于月食周期，最早的记载见于《史记·天官书》。其言：“月食始日，五月者六，六月者五，五月复六，六月者一，而五月者五，凡百一十三月而复始。”[2] 但此说本身有错误，《史记索隐》中就此有注：“始日谓食始起之日也。依此文计，唯有一百二十一月，与元数甚为悬校，既无太初历术，不可得而推定。今以汉志三统历法计，则六月者七，五月者一，又六月者一，五月者一，凡一百三十五月而复始耳。或术家各异，或传写错谬，故此不同，无以明知也。”[3] 此注中，有关《三统历》月食

[1] 张培瑜．中国古代月食记录的证认和精度研究 [J]. 天文学报，1993，34（1）：63-79，63.

[2]（西汉）司马迁．史记天官书 [A]// 中华书局编辑部．历代天文律历等志汇编（一）[Z]. 北京：中华书局，1976，46.

[3]（西汉）司马迁．史记天官书 [A]// 中华书局编辑部．历代天文律历等志汇编（一）[Z]. 北京：中华书局，1976，46.

周期的计算亦有误，后文有议。更明确的关于预测月食的记载可见《三统历》中的“推月食术”，其文如下：

推月食，置会余岁积月，以二十三乘之，盈百三十五，除之。不盈者，加二十三得一月，盈百三十五，数所得，起其正，算外，则食月也。加时，在望日冲辰。[1]

对于《三统历》“推月食术”中的月食周期（前人多称交食周期），从未有人深究其来源。《三统历》中暗含的“一百三十五个朔望月发生二十三次月食”说法是从观测而得吗？下面对此进行探究。

根据《三统历》中的“推月食术”[2]，应“六月者七，五月者一，六月者七，五月者一，六月者六，五月者一，共一百三十五月而复始”，可见《史记索隐》所记《三统历》中月食周期计算内容有误。接下来，通过Skymap11.0 回推公元前 115 年至公元前 7 年西安可见的所有月食，列于表 2-1。（设定西汉的经度为东经 108° 55′ 48″，纬度为北纬 34° 16′ 12″，时间按北京时间[3]。另对半影月食，食分大余 0.7 算为可见月食）

表 2-1　115BC—7BC 西安可见月食表

时间	月食类型	食分	与前次月食相距朔望月数
115BC 2 月 8 日	半影月食	0.76	—
114BC 7 月 24 日	月偏食	0.83	18
113BC 1 月 19 日	月全食	1.44	6

[1]（西汉）班固．汉书律历志下 [A]// 中华书局编辑部．历代天文律历等志汇编（五）[Z]. 北京：中华书局，1976，1428.

[2] 张培瑜，陈美东，薄树人，等．中国古代历法 [M]. 北京：中国科学技术出版社，2008，279.

[3] 由于西安地方时比北京时间晚 44 分钟左右，因此计算出的可见月食的少数几个日期会提前一天，但这不影响后续的分析。

（续表）

时间	月食类型	食分	与前次月食相距朔望月数
113BC 7 月 13 日	月全食	1.43	6
112BC 7 月 2 日	月偏食	0.12	12
111BC 5 月 24 日	月偏食	0.37	11
111BC 11 月 16 日	月偏食	0.62	6
110BC 5 月 13 日	月全食	1.73	6
110BC 11 月 6 日	月全食	1.75	6
109BC 5 月 2 日	月偏食	0.52	6
109BC 10 月 25 日	月偏食	0.54	6
107BC 3 月 11 日	月偏食	0.74	17
107BC 9 月 5 日	月偏食	0.73	6
106BC 3 月 1 日	月全食	1.61	6
105BC 2 月 18 日	月偏食	0.35	12
104BC 1 月 9 日	半影月食	0.72	11
104BC 7 月 4 日	半影月食	0.83	6
104BC 12 月 29 日	月偏食	0.86	6
103BC 6 月 23 日	月全食	1.27	6
103BC 12 月 18 日	月全食	1.53	6
102BC 12 月 7 日	月偏食	0.32	12
101BC 6 月 2 日	半影月食	0.69	6
100BC 4 月 22 日	月偏食	0.45	11
100BC 10 月 16 日	月偏食	0.75	6
99BC 4 月 11 日	月全食	1.83	6
99BC 10 月 6 日	月全食	1.75	6
98BC 4 月 1 日	月偏食	0.48	6
98BC 9 月 25 日	月偏食	0.36	6

（续表）

时间	月食类型	食分	与前次月食相距朔望月数
97BC 2 月 20 日	半影月食	0.71	5
96BC 2 月 8 日	月偏食	0.99	12
96BC 8 月 4 日	月偏食	0.71	6
94BC 1 月 18 日	月偏食	0.07	6
94BC 7 月 14 日	月偏食	0.25	6
93BC 11 月 27 日	月偏食	0.62	17
92BC 5 月 24 日	月全食	1.58	6
91BC 5 月 13 日	月偏食	0.67	12
91BC 11 月 6 日	月偏食	0.55	6
89BC 3 月 22 日	月偏食	0.65	17
88BC 9 月 4 日	月全食	1.68	6
87BC 3 月 1 日	月偏食	0.42	6
87BC 8 月 24 日	月偏食	0.37	6
85BC 7 月 4 日	月全食	1.14	23
84BC 6 月 23 日	月全食	1.29	12
82BC 5 月 4 日	月偏食	0.30	23
82BC 10 月 28 日	月偏食	0.73	6
81BC 4 月 22 日	月全食	1.69	6
81BC 10 月 16 日	月全食	1.78	6
80BC 10 月 6 日	月偏食	0.39	12
78BC 2 月 20 日	月偏食	0.93	17
77BC 2 月 9 日	月全食	1.52	12
77BC 8 月 3 日	月全食	1.67	6
76BC 1 月 29 日	月偏食	0.10	6
75BC 6 月 14 日	月偏食	0.09	17

（续表）

时间	月食类型	食分	与前次月食相距朔望月数
74BC 11 月 27 日	月全食	1.75	18
71BC 4 月 2 日	月偏食	0.55	17
71BC 9 月 26 日	月偏食	0.60	6
70BC 3 月 22 日	月全食	1.78	6
70BC 9 月 16 日	月全食	1.76	6
69BC 9 月 4 日	月偏食	0.46	12
67BC 1 月 19 日	月偏食	0.80	17
66BC 1 月 8 日	月全食	1.57	12
66BC 7 月 5 日	月全食	1.42	6
66BC 12 月 28 日	月偏食	0.34	6
65BC 6 月 23 日	半影月食	0.96	6
63BC 10 月 28 日	月全食	1.80	29
62BC 4 月 22 日	月偏食	0.74	6
60BC 8 月 25 日	月偏食	0.50	29
59BC 2 月 20 日	月全食	1.57	6
59BC 8 月 15 日	月全食	1.77	6
58BC 8 月 4 日	月偏食	0.48	12
57BC 6 月 25 日	半影月食	0.94	11
57BC 12 月 18 日	月偏食	0.62	6
56BC 12 月 8 日	月全食	1.76	12
55BC 6 月 3 日	月偏食	0.98	6
55BC 11 月 27 日	月偏食	0.56	6
53BC 10 月 7 日	月偏食	0.55	23
52BC 4 月 2 日	月全食	1.88	6
52BC 9 月 26 日	月全食	1.81	6

（续表）

时间	月食类型	食分	与前次月食相距朔望月数
51BC 3 月 22 日	月偏食	0.58	6
51BC 9 月 15 日	月偏食	0.54	6
49BC 1 月 31 日	月偏食	0.76	17
49BC 7 月 25 日	月偏食	0.90	6
48BC 1 月 19 日	月全食	1.60	6
47BC 1 月 8 日	月偏食	0.36	12
47BC 7 月 5 日	月偏食	0.07	6
46BC 5 月 25 日	半影月食	1.07	11
46BC 11 月 18 日	月偏食	0.71	6
45BC 5 月 13 日	月全食	1.39	6
45BC 11 月 7 日	月全食	1.81	6
44BC 5 月 2 日	月偏食	0.88	6
44BC 10 月 27 日	月偏食	0.44	6
42BC 3 月 13 日	月偏食	0.78	17
42BC 9 月 6 日	月偏食	0.42	6
40BC 2 月 19 日	月偏食	0.20	18
40BC 8 月 15 日	月偏食	0.58	6
39BC 12 月 30 日	月偏食	0.62	17
38BC 6 月 25 日	月全食	1.13	6
37BC 6 月 14 日	月全食	1.13	12
37BC 12 月 8 日	月偏食	0.56	6
36BC 6 月 3 日	半影月食	0.83	6
35BC 4 月 23 日	月偏食	0.33	11
33BC 4 月 2 日	月偏食	0.67	24
31BC 8 月 6 日	月偏食	0.79	29

（续表）

时间	月食类型	食分	与前次月食相距朔望月数
30BC 7 月 26 日	月全食	1.66	12
28BC 6 月 4 日	半影月食	0.91	23
28BC 11 月 29 日	月偏食	0.71	6
27BC 5 月 25 日	月全食	1.24	6
27BC 11 月 18 日	月全食	1.81	6
26BC 5 月 14 日	月全食	1.02	6
26BC 11 月 8 日	月偏食	0.45	6
24BC 3 月 24 日	月偏食	0.69	17
23BC 3 月 13 日	月全食	1.72	12
23BC 9 月 5 日	月全食	1.78	6
22BC 3 月 3 日	月偏食	0.27	6
20BC 7 月 6 日	月偏食	0.98	29
20BC 12 月 29 日	月全食	1.77	6
17BC 5 月 4 日	月偏食	0.21	29
17BC 10 月 28 日	月偏食	0.48	6
16BC 4 月 23 日	月全食	1.65	6
16BC 10 月 17 日	月全食	1.72	6
15BC 10 月 6 日	月偏食	0.65	12
13BC 2 月 21 日	月偏食	0.64	17
12BC 2 月 9 日	月全食	1.70	12
12BC 8 月 6 日	月全食	1.76	6
11BC 1 月 29 日	月偏食	0.44	6
10BC 6 月 16 日	半影月食	0.75	17
9BC 6 月 4 日	月全食	1.08	12
9BC 11 月 29 日	月全食	1.81	6

（续表）

时间	月食类型	食分	与前次月食相距朔望月数
7BC 5 月 14 日	半影月食	0.84	18

按照《三统历》的“推月食术”，取“会余岁积月乘 23 除 135”的余数部分，若此余数为 0，则所求年天正月（阴历十一月）有月食，若此余数不为 0，设此余数为 n（$0 < n < 135$，n 为整数），则求解不等式：$n+23i \geqslant 135$，$n+23i \geqslant 270$，$n+23i \geqslant 405$，（i=1，2，3，…，11，12，若所求年有闰月，i=1，2，3，…，12，13）取满足上面 3 个不等式的 i 最小值 i_{min}，则所求年天正月之后的第 i_{min} 个月有月食。

前人认为太初元年岁前甲子朔旦冬至是会月之始，即日月交食之元，其作为按月食周期推算的历元是不够理想的，理由是据此推算公元前 104 年到公元前 18 年的月食皆不正确，且其后几十年中也只能预报 10%~20% 的月食，最后西汉很可能并未采用此月食历元。[1] 但按笔者的理解和计算，所得结论恰与之相反。首先，《三统历》“推月食术”的月食周期实际以历元所在月的月食日为起算点，而只推算何月为月食所在月，“加时在望，日冲辰”是指月食所在月的望日为月食日。再者，按计算，太初元年岁前天正月的会余岁积月为 0，则此月望日有月食，与笔者回推的公元前 104 年 1 月 9 日发生（半影）月食相合，其后回推的公元前 104 年 7 月 4 日月食、公元前 104 年 12 月 29 日月食、公元前 103 年 6 月 23 日月食、公元前 103 年 12 月 18 日月食与“推月食术”所得结果皆合。需要注意的是，公元前 103 年 12 月 18 日月食之后的回推月食在公元前 102 年 12 月 7 日，与上次月食间隔了 12 个朔望月，这与“推月食术”推算结果不同，按“推月食术”，这两次月食中间应

[1] 张培瑜，陈美东，薄树人，等．中国古代历法 [M]. 北京：中国科学技术出版社，2008，337.

还有一次月食（与前后月食都相隔 6 个朔望月）。但汉代人并不认为“推月食术”有误，笔者认为这主要与汉代的星占观有关（天气原因难以解释全部的“未有月食”）。按班固的看法，“天下太平，五星循度，亡有逆行，日不食朔，月不食望”[1]，所以月当食不食，是天下太平的缘故，而不是“推月食术”的计算有误。若依此论，则公元前 104 年 1 月 9 日到公元 93 年 11 月 27 日的这段时间，恰为一个完整的月食周期（应计 24 次月食），其中回推的 19 次可见月食与“推月食术”皆合。

实际上，表 2-1 中只有 2 个时间段的月食能与《三统历》“推月食术”全合，分别是公元前 115 年 2 月 8 日到公元前 104 年 1 月 9 日、公元前 104 年 1 月 9 日到公元前 93 年 11 月 27 日，而其后的公元前 93 年 11 月 27 日到公元前 81 年 10 月 16 日、公元前 81 年 10 月 16 日到公元前 69 年 9 月 4 日、公元前 69 年 9 月 4 日到公元前 58 年 8 月 4 日、公元前 58 年 8 月 4 日到公元前 47 年 7 月 5 日、公元前 47 年 7 月 5 日到公元前 36 年 6 月 3 日、公元前 36 年 6 月 3 日到公元前 25 年 5 月 2 日、公元前 25 年 5 月 2 日到公元前 14 年 4 月 3 日这 7 个时间段虽然都满足“135 朔望月 23（月）食”，但与“推月食术”并不完全相合。因此，笔者认为《三统历》中的“推月食术”很有可能是根据公元前 104 年 1 月 9 日到公元前 93 年 11 月 27 日这个月食周期来制订的。并且对刘歆而言，结合之前近百年实际的可见月食，更会相信“135 朔望月 23（月）食”的月食周期正确无误。如此看来，以 135 个朔望月中有 23 次月食的“推月食术”不是根据前人理论所得，亦非依推算而得，而是由实际的月食观测经验总结而得。

东汉元和二年，行用《后汉四分历》，按《续汉书 · 律历志》中所

[1]（西汉）班固．汉书天文志 [A]// 中华书局编辑部．历代天文律历等志汇编（一）[Z]. 北京：中华书局，1976，85.

载“推月食术”，其实质与《三统历》“推月食术”相同，仍用“135朔望月23（月）食”，不同处只有选取的月食历元。到东汉汉灵帝时期，还发生过激烈的有关月食周期问题争论，其中宗诚（生卒年不详）“以百三十五月二十三食为法，乘除成月，从建康以上减四十一，建康以来减三十五”[1]，冯恂（生卒年不详）则“以五千六百四十月有九百六十一食为法”[2]。这两种方法中，宗诚法是在“135朔望月23（月）食”基础上适当减损；而冯恂法的“5640朔望月961（月）食”，不可能由月食观测获得一个完整的月食周期，因此也只是依据旧法进行比例微调而已。

所以，由西汉至东汉，月食周期先由月食观测而定，在月食周期已定的基础上，又根据月食观测微调旧法，使新的月食周期与天相合。从中或见观测对汉代天文学之意义。

（二）汉代月食观测的内容及方法

通过前文的分析可以知道，月食观测在汉代应属于一种“常规”天文观测。尤其在东汉时期，“交食验历”已是共识。东汉汉顺帝汉安二年（公元143年），尚书侍郎边韶（生卒年不详）就曾言：“课历之法，晦朔变弦，以月食天验，昭著莫大焉。”[3] 月食观测更会受到重视。而研究汉代月食观测的内容最有效的方法是直接对汉代的月食观测记录进行分析，但汉代史料中记载的月食记录只有几条，且都不涉及观测的具体内容（如月食时刻、食相、食分等），因此，需要从别的途径进行

---

[1]（晋）司马彪．续汉书律历志中[A]//中华书局编辑部．历代天文律历等志汇编（五）[Z]. 北京：中华书局，1976，1495.

[2]（晋）司马彪．续汉书律历志中[A]//中华书局编辑部．历代天文律历等志汇编（五）[Z]. 北京：中华书局，1976，1495.

[3]（晋）司马彪．续汉书律历志中[A]//中华书局编辑部．历代天文律历等志汇编（五）[Z]. 北京：中华书局，1976，1490-1491.

研究。

欲知汉代月食观测哪些内容，可以从其时的星占理论中找出答案。《开元占经》中“月占七”记载有汉代月食相关的星占内容，选取部分列于后：

月蚀早晚

《帝览嬉》曰：“月蚀以晨，相及太子当之；以夕，君当之。”

月蚀所起方

《荆州占》曰：“月蚀起南方，男子恶之；起北方，女子恶之；起东方，少者恶之；起西方，老者恶之。”

《帝览嬉》曰：“月蚀从上始，谓之失道，国君当之，从下始，谓之失法，将军当之；从傍始，谓之失令，相当之；又曰从上始为君亲，从下始为赤子蚀，其阴为女蚀。”

月蚀既及中分

《帝览嬉》曰：“月蚀尽，女主当之。”

《荆州占》曰：“月蚀尽，有大战，军破、将死、拔邑、亡地；蚀不尽，军破、将不死。”

京房《易飞候》曰：“月蚀尽，则有亡国；不尽，有失地。”

石氏曰：“月蚀尽，光耀亡，君之殃。”

石氏曰：“月蚀中分，不出五分，国有忧，兵败、军亡。”

月蚀变色

《荆州占》曰：“月蚀青色，人民多死者，五谷有伤，籴且大贵，望之下贱，皆不出一年，各为其国灾；月蚀赤色者，君为客，不出其年；蚀黄色者，不出其年，有立诸侯为国者；月蚀白色，其国失地，若有丧。”

《荆州占》曰：“月蚀尽者，籴贵，各为国。月已蚀而青者，为忧；月已蚀而赤者，为兵；月已蚀而黄者，为财；月已蚀而白者，为丧；月已蚀而黑者，为水。”

月东南西南方蚀

《荆州占》曰：“蚀辰巳地，来年麦伤，春虫；蚀千未地，禾稼少实，麦夏伤。”

月行五星晕而蚀

《荆州占》曰：“月晕岁星而蚀，天下大战。”

月在东方七宿而蚀

石氏曰：“月蚀在角、亢，刑法之臣有当黜者。”

月在北方七宿而蚀

甘氏曰：“月在南斗而蚀，将相有忧，饥、凶。”

月在西方七宿而蚀

石氏曰：“月在奎、娄而蚀，主聚敛之臣有黜者。”

月在南方七宿而蚀

石氏曰：“月在井、鬼而蚀，主人主五祠之官忧。”

月犯石氏中官而蚀

《荆州占》曰：“月在建而蚀，后妃瘋娣有当黜者。”石氏曰：“月在太微而蚀，有破国易王。”

月在石氏外官而蚀

石氏曰：“月在弧、狼而蚀，主供养之官当黜者；一曰食者亡。”[1]

从星占占辞的内容来看，汉代的月食观测需要观测：粗略的月食时刻、月食初亏的方向、大致的月食食分、月食的颜色、月食的方位、大致的月食所在宿。其中月食观测的发生时刻和所在宿度的详尽程度稍逊于日食观测，而从月食颜色的占辞来看，当时确是仔细观测过月食的颜

[1]（唐）瞿昙悉达．开元占经 [M]. 北京：九州出版社，2012，185–192.

色，其与现代的月食亮度理论[1]十分吻合。

由此来看，汉代在月食观测时无须使用浑仪和漏刻，观测人员只需要用肉眼直接观测即可。

汉代对月相的观测

对月相的观测应该是人类最早的天文观测之一。由于月亮是反射太阳光发光，同时太阳、地球、月球的相对位置不断变化，所以我们在地球上可以观察到月相的变化。中国古人按照月相的变化发展出了阴历，阴历中的一个周期即一个完整的月相变化周期，它被称为一个朔望月。一个朔望月中的月相变化并不复杂，其与历日的对应也很明确，而实际操作中，以肉眼观测月相来判断晦朔弦望并不十分准确。但在汉代两次大规模的改历过程中，实际月相与晦朔弦望不合都被作为改历的主要理由，因此笔者从月相观测的角度来探讨此问题。

西汉太初改历时，按《汉书·律历志》的记载："汉兴，方纲纪大基，庶事草创，袭秦正朔。……然正朔服色，未睹其真，而朔晦月见，

[1] 法国天文学家邓祥月食亮度表：L=0，非常暗的月食，月球几乎看不见，尤其是在食甚；L=1，暗的月食，灰色至棕色，月面的细节难以分辨；L=2，深红或锈红的月食，本影中央特别黑，外部边缘则较亮；L=3，砖红色的月食，本影边缘较亮、显黄色；L=4，橘色或古铜色、非常明亮的月食，本影边缘明亮、显蓝色。

弦望满亏，多非是。"[1] 因此"大中大夫公孙卿、壶遂、太史令司马迁等言'历纪坏废，宜改正朔'"。[2] 按前人研究，秦和汉初的历法均后天 1 日左右[3]，而据另一说法，西汉太初改历时，人们能察觉出 0.65 日左右的合朔误差，因此邓平（生卒年不详）用"借半日法"[4]，若上述两者都对，那么在秦至汉初百余年的时间里，人们应该一直能察觉到历与天差 1 日，在这样的情况下，竟然百余年不改历法，实难想象。而且，就观测经验来看，以月相判断晦朔弦望会有 1 或 2 日的误差，纯以月相观测不太可能察觉到 1 日以内的合朔误差。因此，上述的后一种说法并不正确，同时邓平用"借半日法"也另有原因，这部分内容将在第四章详细讨论。

尽管通过月相观测判断晦朔弦望会有 1 或 2 日的误差，但以"朔晦月见，弦望满亏"作为改历的理由是可信且正当的。先说"朔晦月见"，西汉时人们知道，晦朔不见月。如果晦朔见月，那么说明历法失天，更具体地说，如果晦日或者朔日黎明前见到东方的残月，那么历法先天。考虑到汉初历法整体后天约 1 日和定朔理论，太初改历前基本只会在晦日见到东方残月；如果朔日或者晦日黄昏后见到西方的新月，那么历法后天，太初改历前多朔日见新月，偶尔也会晦日见新月。整体上，如果长期观察月相，即便西汉时用平朔理论，人们也能够有历法后天的认识。

---

[1]（西汉）班固．汉书律历志上 [A]// 中华书局编辑部．历代天文律历等志汇编（五）[Z]. 北京：中华书局，1976，1400.

[2]（西汉）班固．汉书律历志上 [A]// 中华书局编辑部．历代天文律历等志汇编（五）[Z]. 北京：中华书局，1976，1400.

[3] 张培瑜．根据新出历日简牍试论秦和汉初的历法 [J]. 中原文物，2007（5）：62–77，72.

[4] 张培瑜，陈美东，薄树人，等．中国古代历法 [M]. 北京：中国科学技术出版社，2008，258.

而“弦望满亏”，一般只有在晦日见新月时，才能比较明显地观察到。具体来说，即上弦时月过半月，望时月过满转缺，下弦时月少半月。对西汉时人们而言，这种现象很明显地表明历法后天。

对于这种历法后天的情况，西汉在太初改历时需要调整。但因为当时还没有明确的“交食验历”的思想，人们还不能很好地确定合朔时刻。《太初历》所定的历元（西安地方时公元前 105 年 12 月 25 日 0 时）与当月理论合朔时间（西安地方时公元前 105 年 12 月 24 日 8 时 24 分）相差超过半日即是明证。

东汉进行四分历的改历时，其中一个改历理由是《三统历》所推“晦朔弦望差天一日”。[1] 类似含义的表述还有“自太初元年始用《三统历》，施行百有余年，历稍后天，朔先于历，朔或在晦，月或朔见”[2]，“今历弦望至差一日以上”[3]。对此，按《后汉四分历》推算出元和二年十一月朔日合朔时刻为公元 85 年 12 月 5 日 20 时 22 分，而现代回推的合朔时间则是公元 85 年 12 月 6 日 1 时 23 分（已换算为洛阳地方时）[4]，合朔时刻先天 5 小时 1 分钟；若按《三统历》推算，元和二年十一月朔日合朔时刻应为公元 85 年 12 月 6 日 15 时 7 分，后天 13 小时 44 分钟。由于东汉行用《后汉四分历》时仍用平朔理论，所以从合朔时刻的误差上只能看出《后汉四分历》确实调整了《三统历》的历法后天，但具体调整了多少显然不能从月相观测中得到。事实上，东汉改四分历时对历

[1]（晋）司马彪．续汉书律历志中 [A]// 中华书局编辑部．历代天文律历等志汇编（五）[Z]. 北京：中华书局，1976，1480.

[2]（晋）司马彪．续汉书律历志中 [A]// 中华书局编辑部．历代天文律历等志汇编（五）[Z]. 北京：中华书局，1976，1479.

[3]（晋）司马彪．续汉书律历志中 [A]// 中华书局编辑部．历代天文律历等志汇编（五）[Z]. 北京：中华书局，1976，1480.

[4] 张培瑜．三千五百年历日天象 [M]. 郑州：大象出版社，1997，639.

法后天进行调整的时刻值应是由交食观测定出的，这部分内容在第五章会有详细论述。

综上，汉代改历时人们可以从对月相的观测中判断出历法不准，但只能大概知道历法不准的程度。东汉时因为采用“交食验历”的方法，已经能够得到比较准确的合朔时刻，所以，《后汉四分历》所定的合朔时刻整体上要比《太初历》更准确。

汉代对月亮运动的观测

同研究汉代对太阳运动的观测一样，对月亮运动的观测也分月亮的运行速度和运行轨道两个部分。所不同处在于，观测月亮运动时，可以直接观测出月亮每日的行度，并且其观测比昏旦中星观测简便，因此，汉代人可以更详细地讨论月亮的运动。

（一）月亮的运行速度

西汉时人们对月亮的运行速度有一些基本的认识。《汉书·天文志》有一句记载：“至月行，则以晦朔决之。”[1] 刘向（约前77—前6）的《洪范传》则说：“晦而月见西方，谓之朓；朔而月见东方，谓之侧匿。朓则王侯其舒言、政缓，则阳行迟、阴行疾也。侧匿则王侯其肃言、政急，

[1]（西汉）班固．汉书天文志[A]// 中华书局编辑部．历代天文律历等志汇编（一）[Z]. 北京：中华书局，1976，89.

则阳行疾、阴行迟也。”[1] 显然，西汉时认为月亮的运行速度应该由晦朔月见的情况来判定。“晦而月见西方”，则月亮运行速度慢；“朔而月见东方”，则月亮运行速度快。在浑天说的理论框架下，这是完全合理的推论，由此可以说，西汉时已经知道“月行有迟疾”。目前来看，它不是从月亮运行的直接观测得到的。另外，关于“月行有迟疾”，西汉时对其的解释是基于天人感应思想。

除此之外，西汉时还有关于月亮行度具体数值的记载。《五纪论》中说：“日月循黄道，南至牵牛，北至东井，率日日行一度，月行十三度十九分度七。”[2] 另外贾逵（30—101）论历时提及：“日月行至牵牛、东井，日过一度，月行十五度，至娄、角，日行一度，月行十三度，赤道使然，此前世所共知也。”[3] 从《五纪论》提到的月亮每日行度的数值来看，它由计算而得。根据日日行一度，一朔望月有$29\frac{43}{81}$日，则从当月合朔到下月合朔，太阳行$29\frac{43}{81}$度，而月亮一朔望月比太阳多行一周天，即月亮一朔望月行$365\frac{385}{1539}+29\frac{43}{81}=394\frac{1202}{1539}$度，则月亮日行$394\frac{1202}{1539}\div29\frac{43}{81}=13\frac{7}{19}$度。而贾逵论历时所说的前世共知的月行速度，应是西汉耿寿昌（生卒年不详）于甘露二年之前实测而得的大致数值。当时日行至牵牛、东井，是冬、夏至前后；日行娄、角附近，是春、秋分前后。由于观测使用赤道坐标系，而月亮实际的月行轨道靠近黄道，所以在观测时的冬、夏至前后的月行赤道宿度值会较大，春、秋分前后的月行赤道宿度值会偏小。

总体来看，西汉时有过对月亮运行的赤道宿度的长期观察，但这种

[1]（唐）瞿昙悉达．开元占经 [M]. 北京：九州出版社，2012，121.

[2]（晋）司马彪．续汉书律历志中 [A]// 中华书局编辑部．历代天文律历等志汇编（五）[Z]. 北京：中华书局，1976，1483.

[3]（晋）司马彪．续汉书律历志中 [A]// 中华书局编辑部．历代天文律历等志汇编（五）[Z]. 北京：中华书局，1976，1483.

观测的精度不高。笔者认为，其时从观测中得到的“冬夏至前后月行十五度，春秋分前后月行十三度”的认识并不会让人们认为“月行有迟疾”，西汉中后期对黄道赤道的认识已足以使人们意识到“月每日行赤道宿度不等”是“坐标系”不同造成的。但西汉时人们实际上已认识到“月行有迟疾”，这种认识是基于“朔晦月见”现象间接而得。

东汉时对月亮运行速度的认识更进一步。在东汉改用《后汉四分历》前后，关于月行问题有过丰富的讨论，试从两段历史中对月行观测问题进行探讨。按《续汉书·律历志》记载：

逵论曰：“臣前上傅安等用黄道度日月弦望多近。史官一以赤道度之，不与日月同，于今历弦望至差一日以上，辄奏以为变，至以为日却缩退行。于黄道，自得行度，不为变。愿请太史官日月宿簿及星度课，与待诏星象考校。奏可。臣谨案：前对言冬至日去极一百一十五度，夏至日去极六十七度，春秋分日去极九十一度。《洪范》‘日月之行，则有冬夏’。《五纪论》‘日月循黄道，南至牵牛，北至东井，率日日行一度，月行十三度十九分度七’也。今史官一以赤道为度，不与日月行同，其斗、牵牛、东井、舆鬼，赤道得十五，而黄道得十三度半；行东壁、奎、娄、轸、角、亢，赤道七度，黄道八度；或月行多而日月相去反少，谓之日却。案黄道值牵牛，出赤道南二十五度，其直东井、舆鬼，出赤道北二十五度。赤道者为中天，去极俱九十度，非日月道，而以遥准度日月，失其实行故也。以今太史官候注考元和二年九月已来月行牵牛、东井四十九事，无行十一度者；行娄、角三十七事，无行十五六度者，如安言。问典星待诏姚崇、井毕等十二人，皆曰‘星图有规法，日月实从黄道，官无其器，不知施行’。案甘露二年大司农中丞耿寿昌奏，以图仪度日月行，考验天运状，日月行至牵牛、东井，日过一度，月行十五度，至娄、角，日行一度，月行十三度，赤道使然，此前世所共知也。

如言黄道有验，合天，日无前却，弦望不差一日，比用赤道密近，宜施用。上中多臣校。”案逵论，永元四年也。至十五年七月甲辰，诏书造太史黄道铜仪，以角为十三度，亢十，氐十六，房五，心五，尾十八，箕十，斗二十四四分度之一，牵牛七，须女十一，虚十，危十六，营室十八，东壁十，奎十七，娄十二，胃十五，昴十二，毕十六，觜三，参八，东井三十，舆鬼四，柳十四，星七，张十七，翼十九，轸十八，凡三百六十五度四分度之一。冬至日在斗十九度四分度之一。史官以部日月行，参弦望，虽密近而不为注日。仪，黄道与度转运，难以候，是以少循其事。[1]

这段有关改用黄道仪测日月行度的历史，在本章提过，并且言明了黄道仪最主要的功能是测月行和参校弦望。从理论层面分析，用黄道仪测月行确实会比用赤道浑仪更准确。但在实际观测时，如前文所讲，月亮所行的白道在黄道附近，晚上观测月行时，黄道环很容易遮挡月亮，使得观测读数困难，所以最终东汉的观测者们“少循其事”。另一方面，永元四年（公元 92 年）时，贾逵说：“如言黄道有验，合天，日无前却，弦望不差一日，比用赤道密近，宜施用。上中多臣校。”[2] 这里所谓的“黄道有验”，不太可能是用黄道仪实测而验，因为永元十五年（公元 103 年）才造黄道铜仪，那么贾逵校验的方法很可能与后来张衡所提的“小浑”法（黄、赤道度变换法）类似，都是根据实测的赤道宿度值按照一定对应关系转换成黄道宿度值，而所得的黄道宿度值代入历法推算，“弦望

[1]（晋）司马彪．续汉书律历志中 [A]// 中华书局编辑部．历代天文律历等志汇编（五）[Z]. 北京：中华书局，1976，1482–1484.

[2]（晋）司马彪．续汉书律历志中 [A]// 中华书局编辑部．历代天文律历等志汇编（五）[Z]. 北京：中华书局，1976，1483.

不差一日，比用赤道密近”[1]。笔者认为，正是因为东汉时人已经可以进行黄、赤道度的转换，所以在当时的人看来，不用黄道仪测日月行并不会有太大的问题。如此来看，史官并非前人以为的因为守旧才不用黄道日月度注日[2]，而是因为黄、赤道度已经可以相互转换，以黄道度还是赤道度注日，本质上已然一样，自然地，史官注日时可仍遵循赤道度注日的传统。

上面这段历史之后，《续汉书·律历志》中紧接了另一段记载：

逵论曰：“又今史官推合朔、弦、望、月食加时，率多不中，在于不知月行迟疾意。永平中，诏书令故太史待诏张隆以《四分法》署弦、望、月食加时。隆言能用《易》九、六、七、八爻知月行多少。今案隆所署多失。臣使隆逆推前手所署，不应，或异日，不中天乃益远，至十余度。梵、统以史官候注考校，月行当有迟疾，不必在牵牛、东井、娄、角之闲，又非所谓朓、侧匿，乃由月所行道有远近出入所生，率一月移故所疾处三度，九岁九道一复，凡九章，百七十一岁，复十一月合朔旦冬至，合《春秋》《三统》九道终数，可以知合朔、弦、望、月食加时。据官注天度为分率，以其术法上考建武以来月食凡三十八事，差密近，有益，宜课试上。”[3]

按笔者的理解，此段应该也是贾逵在永元四年的论述。其中明确提到了“月行迟疾”，李梵和苏统对史官的候注进行考校，发现月行当有迟疾，并且说此月行迟疾不是指赤道浑仪观测的二分二至前后月行（赤道）迟疾，也不是指刘向所言的朓和侧匿的月行迟疾，而是指月亮运行

[1]（晋）司马彪．续汉书律历志中 [A]// 中华书局编辑部．历代天文律历等志汇编（五）[Z]. 北京：中华书局，1976，1483.

[2] 陈美东．中国科学技术史·天文学卷 [M]. 北京：科学出版社，2003，181.

[3]（晋）司马彪．续汉书律历志中 [A]// 中华书局编辑部．历代天文律历等志汇编（五）[Z]. 北京：中华书局，1976，1484.

本身就有急有缓。这种认识无疑相当先进，但也应注意，刘向所言的月行迟疾和李梵、苏统所提的月行迟疾本质上是一样的，不同的地方在于两者对月行迟疾的解释。刘向明显是用天人感应思想来解释，而李梵、苏统则是用月行轨道有远近出入来解释。在今天看来，这两种解释都不正确，而对李梵、苏统解释的理解上，前人认为月行轨道与人的距离有远有近[1]，这显然是没有考虑当时人们对月行轨道的认识。笔者认为，李梵、苏统所说的月行轨道有远近出入和月行九道的理论有关，远近出入是相对黄道而言，但这种解释并没有说明为什么月行轨道有远近出入就会使月行有迟疾，笔者认为这可能和后来张衡《灵宪》中提到的“天道者贵顺也，近天则迟，远天则速”[2]有关。从刘向的解释到李梵、苏统的解释这个转变中，“月行迟疾”成为一种可以推算的“常理”，这使得后世可以对“月行迟疾”问题进行深入的研究。事实上，虽然李梵、苏统没有给出月行迟疾的数据，但他们给出了有关近点月的数据，他们认为月亮运行最快的这个位置，每一个朔望月要移动3度左右，因此大约9年，这个运行最快的位置回到原点。当然这个数值还相当粗略，在东汉末年刘洪所著的《乾象历》中，关于近点月的计算数值已经十分精确了。

除了上面的这种转变之外，还有一点值得我们关注。李梵、苏统是从史官的候注中分析出“月行当有迟疾”的，具体地说，就是看到“史官推合朔、弦、望、月食加时，率多不中”[3]，才知道月行有迟疾。应该说，这个分析要比刘向时从“晦朔月见”得出的月行有迟疾更准确一些，但

[1] 陈美东．中国科学技术史・天文学卷 [M]. 北京：科学出版社，2003，182.

[2]（唐）瞿昙悉达．开元占经 [M]. 北京：九州出版社，2012，2.

[3]（晋）司马彪．续汉书律历志中 [A// 中华书局编辑部．历代天文律历等志汇编（五）[Z]. 北京：中华书局，1976，1484.

两者本质上并没有区别。李梵、苏统同样没有从实际的月行观测中观测到月行的迟疾。按前人说法，首先从实际月行观测中观测出月行迟疾的人是东汉末的刘洪[1]。按《晋书·律历志》记载“课弦望当以昏明度月所在，则知加时先后之意”[2]，刘洪可能是在一段时间里观测过每日昏明时的月亮位置，并以此得出月行迟疾表。

最后，从观测中察觉出月行迟疾的实际操作来进行一些讨论。严格地说，要观测到月行迟疾，应该在每日的同一时刻观测月亮的位置，再根据每日同一时刻的月亮位置（所在宿度）计算出月行迟疾。但在汉代的实际观测中，会有几个问题：首先夜晚的浑仪观测要比白天困难；其次，每日的同一时刻观测这个概念和实施对汉代人而言有一定的困难。按记载，刘洪也只是在每日昏明时刻观测，而非每日的同一时刻观测；之后，观测月亮位置时很难找准月亮的中心点。

（二）月亮的运行轨道

在汉代，有关月亮运行轨道的认识还比较模糊，在刘洪的《乾象历》中才有对白道明确的定量描述。这之前，汉代对月亮运行轨道的主要看法是月行九道。

《汉书·天文志》有“日有中道，月有九行”[3]的记载，其后记：

月有九行者：黑道二，出黄道北；赤道二，出黄道南；白道二，出黄道西；青道二，出黄道东。立春、春分，月东从青道；立秋、秋分，西从白道；立冬、冬至，北从黑道；立夏、夏至，南从赤道。然用之，

---

[1] 陈美东．中国科学技术史·天文学卷 [M]. 北京：科学出版社，2003，214.

[2]（唐）房玄龄．晋书律历志中 [A]// 中华书局编辑部．历代天文律历等志汇编（五）[Z]. 北京：中华书局，1976，1581.

[3]（西汉）班固．汉书天文志 [A]// 中华书局编辑部．历代天文律历等志汇编（一）[Z]. 北京：中华书局，1976，88.

一决房中道。青赤出阳道，白黑出阴道。若月失节度而妄行，出阳道则旱风，出阴道则阴雨。[1]

而在《三统历》的“岁术”中又有记载：

九会。阳以九终，故日有九道。阴兼而成之，故月有十九道。[2]

对此，笔者同意前人的看法，刘歆的月有十九道之说不可考，但应是其附会之说。[3] 而对于月有九行之说，记载中有描述，其按八节给月亮分配了八个轨道，青白黑赤各两道，但这样安排会产生一个问题，月亮在什么时候行黄道？笔者认为，这可能和当时的某种星占观有关。月在未失节度的时候行中间黄道，月失节度的时候就行阴道或者阳道，但月失节度和月食一样，属于小变。《汉书·天文志》中就有记载：

《诗》云：“彼月而食，则惟其常；此日而食，于何不臧？”《诗传》曰：“月食非常也，比之日食犹常也，日食则不臧矣。”谓之小变，可也；谓之正行，非也。[4]

这就是说，月失节度也有比较正常的情况，月失节度的正常情况下，月按八节行八道。另外，按此月行九道的描述，月亮显然不依附恒星天，这和宣夜说的一些内容相一致。

而到东汉时，月行九道说仍然是主流的观点。《续汉书 · 律历志》中有以下记载：

梵、统以史官候注考校，月行当有迟疾，不必在牵牛、东井、娄、

[1]（西汉）班固．汉书天文志 [A]// 中华书局编辑部．历代天文律历等志汇编（一）[Z]. 北京：中华书局，1976，89.

[2]（西汉）班固．汉书律历志下 [A]// 中华书局编辑部．历代天文律历等志汇编（五）[Z]. 北京：中华书局，1976，1433.

[3] 陈美东．中国科学技术史 · 天文学卷 [M]. 北京：科学出版社，2003，176.

[4]（西汉）班固．汉书天文志 [A]// 中华书局编辑部．历代天文律历等志汇编（一）[Z]. 北京：中华书局，1976，85.

角之闲，又非所谓朓、侧匿，乃由月所行道有远近出入所生，率一月移故所疾处三度，九岁九道一复，凡九章，百七十一岁，复十一月合朔旦冬至，合《春秋》《三统》九道终数，可以知合朔、弦、望、月食加时。[1]

日有光道，月有九行，九行出入而交生焉。[2]

东汉虽然也说月有九道，但它和西汉月有九道的含义不太一样。按笔者的理解，东汉时李梵、苏统所说的月行九道，是将白道分解成九个与黄道平行的轨道，九个轨道中相邻轨道间距相同，中间的轨道即为黄道。为了便于理解，作图 2–1 如下。

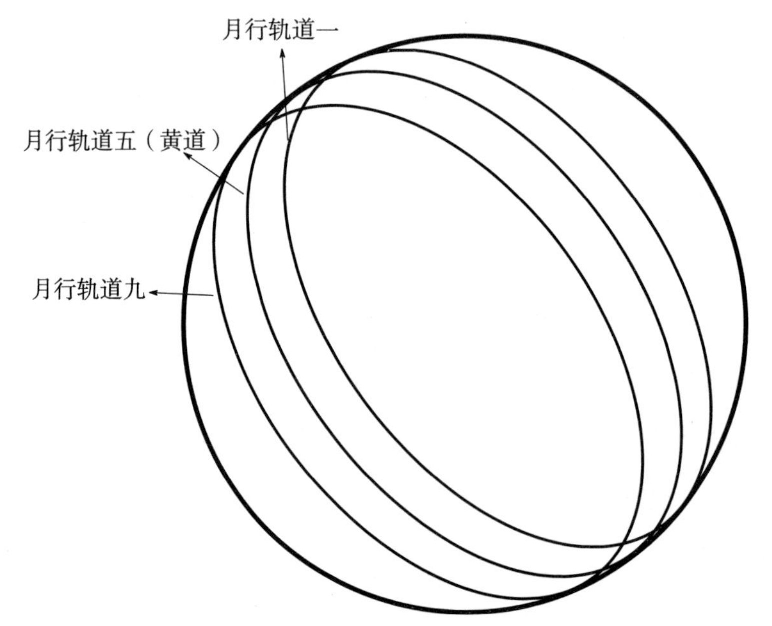

图 2–1　东汉月行九道模型示意图

这显然和西汉时所说的分处黄道东西南北的月行轨道不是一个意思，笔者理解的这种月行九道模型和月行白道模型已经非常接近，东汉

[1]（晋）司马彪．续汉书律历志中 [A]// 中华书局编辑部．历代天文律历等志汇编（五）[Z]. 北京：中华书局，1976，1484.

[2]（晋）司马彪．续汉书律历志下 [A]// 中华书局编辑部．历代天文律历等志汇编（五）[Z]. 北京：中华书局，1976，1510.

末年的刘洪通过对月行的仔细观测实际完成了月行九道向月行白道的转变，并且给出了白道相对于黄道位置的具体值。

笔者理解的这种月行九道模型，虽然与后来的月行白道模型一脉相连，但如果考虑李梵、苏统对月行迟疾的解释“月行轨道有远近出入”，那么这种月行九道模型并不理想。

前文提到，《灵宪》提及“近天则迟，远天则速”[1]，这里的“天”应指恒星天，即天体距离恒星天近时运行速度慢，远的时候运行速度快，因此月行轨道有远近出入时，月行会有迟疾。同时这种月行迟疾要满足“率一月移故所疾处三度，九岁九道一复”[2]的说法，最终按此描述构想了一套与此契合的月行九道模型，作图 2–2 如下。

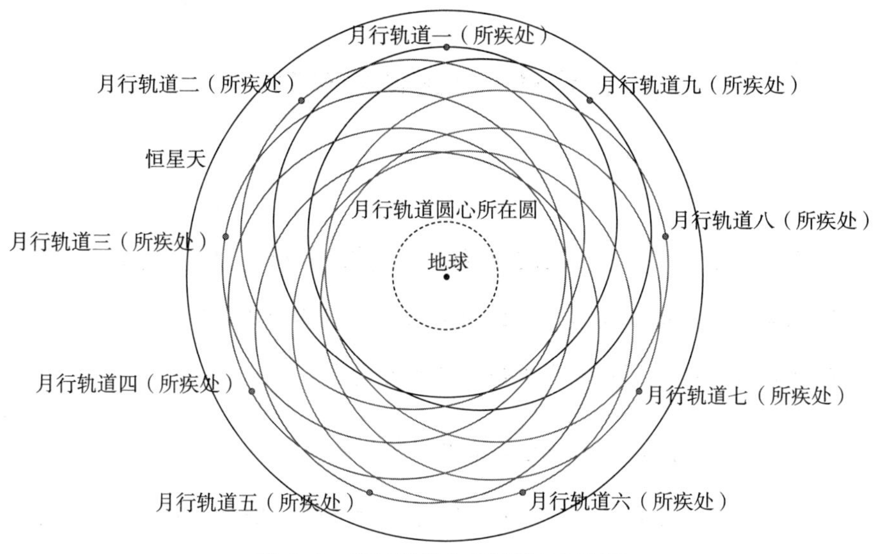

图 2–2　东汉月行九道模型二示意图

这个模型类似于古希腊的本轮均轮模型，地球不在月行轨道的圆心

---

[1]（唐）瞿昙悉达．开元占经 [M]. 北京：九州出版社，2012，2.

[2]（晋）司马彪．续汉书律历志中 [A]// 中华书局编辑部．历代天文律历等志汇编（五）[Z]. 北京：中华书局，1976，1484.

处，示意图是按张衡《灵宪》的说法“地体于阴，故平以静”[1]，即地不动来刻画的。在这个月行九道模型中，月亮距离恒星天最近时速度最快，同时它又“率一月移故所疾处三度，九岁九道一复”[2]，可见这个月行九道模型完全符合记载中的描述。

综合来看，笔者上面所提出的两种（东汉的）月行九道模型，都有其合理性，而关于东汉时人更认同哪一种月行九道模型，仍需要进一步的研究。

汉代对五星运动的观测

本章前面的内容主要是对汉代的月亮观测进行了讨论，本处讨论汉代的五星运动观测，将对《三统历》和《后汉四分历》中的“五步”内容进行分析，并就五星动态表数据从何而得展开研究。

（一）《三统历》中的五星运动观测

《三统历》最早记录了五星在各自会合周期内的视运动状况，一般认为这套数据也是《太初历》五星动态表的数据。[3] 目前为止，对《三

[1]（唐）瞿昙悉达．开元占经 [M]. 北京：九州出版社，2012，1.

[2]（晋）司马彪．续汉书律历志中 [A]// 中华书局编辑部．历代天文律历等志汇编（五）[Z]. 北京：中华书局，1976，1484.

[3] 薄树人．《太初历》和《三统历》[A]// 薄树人文集 [C]. 合肥：中国科学技术大学出版社，2003，329-368，364.

统历》中“五步”内容从何而得这个问题，有人认为刘焯、张胄玄之前各历法的五星动态表，是在观测五星若干个会合周期的动态之后，给出的一个会合周期内固定的不同时段的平均运动状况。[1] 也有人认为五星动态表是在观测了某一次会合周期的动态后，给出的此次会合周期的运动状况。[2]但这两种说法都无法论证，谁对谁错，犹未可知。因此，先就《三统历》中“五步”内容是如何确定的这一问题进行分析讨论。

《三统历》的“五步”包含了金、木、水、火、土五颗行星的动态表。先将《三统历》中的“五步”原文与（笔者制作的）表格形式的五星动态表列出，再进行具体的分析。《三统历》“五步”中关于木星运动的记载如下：

木，晨始见，去日半次。顺，日行十一分度二，百二十一日。始留，二十五日而旋。逆，日行七分度一，八十四日。复留，二十四日三分而旋。复顺，日行十一分度二，百一十一日有百八十二万八千三百六十二分而伏。凡见三百六十五日有百八十二万八千三百六十五分，除逆，定行星三十度百六十六万一千二百八十六分。凡见一岁，行一次而后伏。日行不盈十一分度一。伏三十三日三百三十三万四千七百三十七分，行星三度百六十七万三千四百五十一分。一见，三百九十八日五百一十六万三千一百二分，行星三十三度三百三十三万四千七百三十七分。通其率，故曰日行千七百二十八分度之百四十五。[3]

[1] 张培瑜，陈美东，薄树人，等．中国古代历法 [M]. 北京：中国科学技术出版社，2008，17.

[2] 杨帆，孙小淳．观测、理论与推算：从《三统历》到《皇极历》的火星运动研究 [J]. 中国科技史杂志，2017，38（1）：9–24，16.

[3]（西汉）班固．汉书律历志下 [A]// 中华书局编辑部．历代天文律历等志汇编（五）[Z]. 北京：中华书局，1976，1423–1424.

将木星动态表用表 2–2 表示出来。

表 2–2 《三统历》木星动态表

动态	运行速度（度 / 日）	时间（日）	所行度数（度）
晨始见			
顺行	$\frac{2}{11}$	121	22
留	0	25	0
逆行	$-\frac{1}{7}$	84	–12
留	0	$24\frac{3}{7308711}$	0
顺行	$\frac{2}{11}$	$111\frac{1828362}{7308711}$	$20\frac{1661286}{7308711}$
伏	约 $\frac{1}{10.3613}$	$33\frac{3334737}{7308711}$	$3\frac{1673451}{7308711}$
一会合周期	$\frac{145}{1728}$	$398\frac{5163102}{7308711}$	$33\frac{3334737}{7308711}$

《三统历》“五步”中关于土星运动的记载如下：

土，晨始见，去日半次。顺，日行十五分度一，八十七日。始留，三十四日而旋。逆，日行八十一分度五，百一日。复留，三十三日八十六万二千四百五十五分而旋。复顺，日行十五分度一，八十五日而伏。凡见三百四十日八十六万二千四百五十五分，除逆，定余行星五度四百四十七万三千九百三十分。伏，日行不盈十五分度三。三十七日千七百一十七万一百七十分，行星七度八百七十三万六千五百七十分。一见，三百七十七日千八百三万二千六百二十五分，行星十二度千三百二十一万五百分。通其率，故曰日行四千三百二十分度之百四十五。[1]

[1]（西汉）班固．汉书律历志下 [A]// 中华书局编辑部．历代天文律历等志汇编（五）[Z]. 北京：中华书局，1976，1425.

列土星动态表 2–3。

表 2–3 《三统历》土星动态表

动态	运行速度（度 / 日）	时间（日）	所行度数（度）
晨始见			
顺行	$\frac{1}{15}$	87	$5\frac{4}{5}$
留	0	34	0
逆行	$-\frac{5}{81}$	101	$-6\frac{19}{81}$
留	0	$33\frac{862455}{19275975}$	0
顺行	$\frac{1}{15}$	85	$5\frac{2}{3}$
伏	约 $\frac{3}{15.2541}$	$37\frac{17170170}{19275975}$	$7\frac{8736570}{19275975}$
一会合周期	$\frac{145}{4320}$	$377\frac{18032625}{19275975}$	$12\frac{13210500}{19275975}$

《三统历》“五步”中关于火星运动的记载如下：

火，晨始见，去日半次，顺，日行九十二分度五十三，二百七十六日，始留，十日而旋。逆，日行六十二分度十七，六十二日。复留，十日而旋。复顺，日行九十二分度五十三，二百七十六日而伏。凡见六百三十四日，除逆，定行星三百一度。伏，日行不盈九十二分度七十三，伏百四十六日千五百六十八万九千七百分，行星百一十四度八百二十一万八千五分。一见，七百八十日千五百六十八万九千七百分，凡行星四百一十五度八百二十一万八千五分。通其率，故曰日行万三千八百二十四分度之七千三百五十五。[1]

列火星动态表 2–4。

[1]（西汉）班固．汉书律历志下 [A]// 中华书局编辑部．历代天文律历等志汇编（五）[Z]. 北京：中华书局，1976，1425–1426.

表 2-4 《三统历》火星动态表

动态	运行速度（度 / 日）	时间（日）	所行度数（度）
晨始见			
顺行	$\frac{53}{92}$	276	159
留	0	10	0
逆行	$-\frac{17}{62}$	62	−17
留	0	10	0
顺行	$\frac{53}{92}$	276	159
伏	约 $\frac{73}{93.6017}$	$146\frac{15689700}{29867373}$	$114\frac{8218005}{29867373}$
一会合周期	$\frac{7355}{13824}$	$780\frac{15689700}{29867373}$	$415\frac{8218005}{29867373}$

《三统历》“五步”中关于金星运动的记载如下：

金，晨始见，去日半次。逆，日行二分度一，六日，始留，八日而旋。始顺，日行四十六分度三十三，四十六日。顺，疾，日行一度九十二分度十五，百八十四日而伏。凡见二百四十四日，除逆，定行星二百四十四度。伏，日行一度九十二分度三十三有奇。伏八十三日，行星百一十三度四百三十六万五千二百二十分。凡晨见、伏三百二十七日，行星三百五十七度四百三十六万五千二百二十分。夕始见，去日半次。顺，日行一度九十二分度十五，百八十一日百七分日四十五。顺，迟，日行四十六分度四十三，四十六日。始留，七日百七分日六十二分而旋。逆，日行二分度一，六日而伏。凡见二百四十一日，除逆，定行星二百四十一度。伏，逆，日行八分度七有奇。伏十六日百二十九万五千三百五十二分，行星十四度三百六万九千八百六十八分。一凡夕见伏，二百五十七日百二十九万五千三百五十一分，行星二百二十六度六百九十万七千四百六十九分。一复，五百八十四日百二十九万五千三百五十二分。行星亦如之，故曰日行一度。[1]

列金星动态表 2–5 于下。

表 2–5 《三统历》金星动态表

动态	运行速度（度 / 日）	时间（日）	所行度数（度）
晨始见			
逆行	$-\frac{1}{2}$	6	–3
留	0	8	0
顺行	$\frac{33}{46}$	46	33
顺行疾	$1\frac{15}{92}$	184	214
伏	约$1\frac{33.7380}{92}$	83	$113\frac{4365220}{9977337}$
晨与见伏（总计）		327	$357\frac{4365220}{9977337}$
夕始见			
顺行	$1\frac{15}{92}$	$181\frac{45}{107}$	211
顺行迟	$\frac{33}{46}$	46	33
留	0	$7\frac{62}{107}$	0
逆行	$-\frac{1}{2}$	6	–3
伏逆	约$-\frac{7.0963}{8}$	$16\frac{1295352}{9977337}$	$-14\frac{3069868}{9977337}$
夕与见伏（总计）		$257\frac{1295352}{9977337}$	$226\frac{6907649}{9977337}$
一会合周期	1	$584\frac{1295352}{9977337}$	$584\frac{1295352}{9977337}$

[1]（西汉）班固．汉书律历志下 [A]// 中华书局编辑部．历代天文律历等志汇编（五）[Z]. 北京：中华书局，1976，1424–1425.

《三统历》“五步”中关于水星运动的记载如下：

水，晨始见，去日半次。逆，日行二度，一日。始留，二日而旋。顺，日行七分度六，七日。顺，疾，日行一度三分度一，十八日而伏。凡见二十八日，除逆，定行星二十八度。伏，日行一度九分度七有奇，三十七日一亿二千二百二万九千六百五分，行星六十八度四千六百六十一万一百二十八分。凡晨见、伏，六十五日一亿二千二百二万九千六百五分，行星九十六度四千六百六十一万一百二十八分。夕始见，去日半次。顺，疾，日行一度三分度一，十六日二分日一。顺，迟，日行七分度六，七日。留，一日二分日一而旋。逆，日行二度，一日而伏。凡见二十六日，除逆，定行星二十六度。伏，逆，日行十五分度四有奇，二十四日，行星六百五千八百六十六万二千八百二十分。凡夕见伏，五十日，行星十九度七千五百四十一万九千四百七十七分。一复，百一十五日一亿二千二百二万九千六百五分。行星亦如之，故曰日行一度。[1]

列水星动态表 2–6 于下。

表 2–6 《三统历》水星动态表

动态	运行速度（度 / 日）	时间（日）	所行度数（度）
晨始见			
逆行	–2	1	–2
留	0	2	0
顺行	$\frac{6}{7}$	7	6
顺行疾	$1\frac{1}{3}$	18	24

[1]（西汉）班固．汉书律历志下 [A]// 中华书局编辑部．历代天文律历等志汇编（五）[Z]. 北京：中华书局，1976，1426.

（续表）

动态	运行速度（度 / 日）	时间（日）	所行度数（度）
伏	约$1\frac{7.2260}{9}$	$37\frac{122029605}{134082297}$	$68\frac{46610128}{134082297}$
晨与见伏（总计）		$65\frac{122029605}{134082297}$	$96\frac{46610128}{134082297}$
夕始见			
顺行	$1\frac{1}{3}$	$16\frac{1}{2}$	22
顺行迟	$\frac{6}{7}$	7	6
留	0	$1\frac{1}{2}$	0
逆行	–2	1	–2
伏逆	约$-\frac{4.0234}{15}$	24	$-6\frac{58662820}{134082297}$
夕与见伏（总计）		50	$19\frac{75419477}{134082297}$
一会合周期	1	$115\frac{122029605}{134082297}$	$115\frac{122029605}{134082297}$

在对五星动态表进行分析之前，需要先说明几个问题。在汉代天文中，一周天有十二次。按《三统历》的数值，一周天为$365\frac{385}{1539}$度，则一次为$30\frac{2020}{4617}$度，半次为$15\frac{1010}{4617}$度。顺行指在恒星天背景上自西向东运动；逆行则为自东向西。留则不动，旋则调转运行方向。上述记载中，五星动态表中有五个分母未提，其值分别为五星的见中日法：木星见中日法为7308711，土星为19275975，火星为29867373，金星为9977337，水星为134082297。另外，尽管《三统历》“五步”里以行星在太阳西侧半次为晨始见时间点，但结合之前的结论，西汉时人在观测中并不能准确判断行星距离太阳的远近。事实上，后续的分析将指出“去日半次”的说法有构建成分，五星晨始见并非都是“去日半次”。因此，西汉时实际的晨始见时间本身就会在数日的范围内波动。

在《三统历》的“五步”中，给出了五星的会合周期。木星会合周期为 $398\frac{5163102}{7308711}$ 日，土星为 $377\frac{18032625}{19275975}$ 日，火星 $780\frac{15689700}{29867373}$ 日，金星为 $584\frac{1295352}{9977337}$ 日，水星为 $115\frac{122029605}{134082297}$ 日。西汉时确定会合周期是计算相邻晨始见的时间间隔，而任何相邻晨始见的时间间隔都是整数，所以《三统历》给出的五星会合周期必然是多个相邻晨始见时间间隔的平均值。

根据现代天文数据，木星会合周期理论值为 398.8841 日，土星为 378.0919 日，火星为 779.9361 日，金星为 583.9213 日，水星为 115.8775 日。则木星会合周期误差（理论值减记录值）为 0.1777 日，土星会合周期误差为 0.1564 日，火星会合周期误差为 –0.5892 日，金星会合周期误差为 –0.2085 日，水星会合周期误差为 –0.0326 日。为了便于比较，列表 2–7 如下。

表 2–7 《三统历》五星会合周期误差分析表

行星名	《三统历》会合周期（日）	理论会合周期（日）	误差（日）
木星	$398\frac{5163102}{7308711}$	398.8841	0.1777
土星	$377\frac{18032625}{19275975}$	378.0919	0.1564
火星	$780\frac{15689700}{29867373}$	779.9361	– 0.5892
金星	$584\frac{1295352}{9977337}$	583.9213	– 0.2085
水星	$115\frac{122029605}{134082297}$	115.8775	– 0.0326

从表 2–7 中容易看出，会合周期长度越短，其误差越小。并且《三统历》给出的五星会合周期十分准确，火星会合周期的误差最大，约 848 分钟；水星会合周期误差最小，仅 47 分钟。结合《三统历》给出的五星会合周期是多个相邻晨始见时间间隔的平均值和西汉时实际晨始

见时间会在数日范围内波动这两条结论，以木星为例进行分析。假设西汉时实际晨始见有 2 日的波动范围，将相隔 10 个会合周期的晨始见时刻取平均值后计算，则误差最大可达 0.4 日；若相隔 50 个会合周期，最大误差为 0.08 日。而《三统历》木星会合周期的误差只有 0.1777 日，所以此木星会合周期应该是由两次相隔较长时间的晨始见时刻之差除以会合次数而得。此外笔者还考虑了一种偶然情况，当木星相邻晨始见间隔很稳定时，若两次晨始见的相对波动为 0 日，那么相隔较短时间的两次晨始见有一定可能得到 0.1777 误差的木星会合周期。对此，以木星在太阳西侧半次为晨始见时刻，利用 Skymap11.0 获得了公元前 140 年至公元 8 年期间共 121 次晨始见时刻，发现其相邻晨始见的时间间隔并不稳定。其中相邻两次晨始见间隔最大值为 406 日，最小值为 394 日。相比之下，五星中只有土星的相邻晨始见时间间隔稳定性较好[1]，但仍不够稳定，因此笔者认为《三统历》所定的五星会合周期就是由两次相隔较长时间的晨始见时刻之差除以会合次数而得。

结合史料记载，笔者推测刘歆在定五星会合周期时，其中一个晨始见时间点是太初改历时记录，另一个晨始见时间点则是后来测的晨始见时间。下面就五星动态表如何构造这个问题继续进行分析。

在金、木、水、火、土五星中，木星、土星和火星是外行星，金星和水星是内行星，内外行星的运动动态有所不同。在《三统历》的五星动态表中，外行星的运动动态：晨始见——顺行——留——逆行——留——顺行——伏——晨始见；内行星的运动动态：晨始见——逆行——留——顺行——伏——夕始见——顺行——留——逆行——伏——晨始见。在《三统历》的五星动态表中，对外行星而言，一个会

[1] 最大值与最小值相差 5 日。

合周期，太阳比行星多（西）行一周天，对内行星而言，一个会合周期太阳与行星（西）行相同度数。因此，在定出行星的会合周期之后，行星一会合周期内西行的度数也被确定，这是构造《三统历》五星动态表的第一个原则。基于这个原则，构造《三统历》五星动态表的第二个原则：五星动态表中各个动态的天数和所行度数相加之和必须等于会合周期和（一会合周期）总行度数。另外《三统历》五星动态表的构造还有“对称”原则。在外行星动态表中，行星逆行前后的顺行速度相等；在内行星动态表中，第一次伏前后的逆行速度和顺行速度都相等。在这三个原则之下，笔者对外行星和内行星两类动态表做具体的分析，首先分析木星、土星和火星这三颗外行星的动态表。

按《三统历》“五步”的记载，木星、土星和火星晨始见时“去日半次”（太阳西侧）。依常理推想，外行星夕伏时也应“去日半次”（太阳东侧），但《三统历》的外行星动态表并不如此。木星晨始见时在太阳西侧$15\frac{1598830}{7308711}$度，夕伏时在太阳东侧$15\frac{62456}{7308711}$度；土星晨始见时在太阳西侧$15\frac{4216750}{19275975}$度，夕伏时在太阳东侧$15\frac{4216850}{19275975}$度；火星晨始见时在太阳西侧$15\frac{6533690}{29867373}$度，夕伏时在太阳东侧$17\frac{938005}{29867373}$度。由此可知，构造《三统历》外行星动态表时并不严格要求夕伏时“去日半次”。木星、土星和火星夕伏时离太阳距离的远近，使得三者动态表在细节上有所区别，这可能和动态表的数据来源有关。

在木星动态表中，虽然逆行前后的留和顺行速度相等，但其时间不等，逆行之前的顺行时间为 121 日，逆行之后的顺行时间为$111\frac{1828362}{7308711}$日，逆行前的留时间为 25 日，逆行后的留时间为$24\frac{3}{7308711}$日。它们显然是精心计算而得，为的是满足第二原则和第三原则。但这种精心计算不决定数据的具体大小，动态表的各项数值是由观测决定的。根据分析，在长时段的木星运动中，逆行前后的顺行时间大致相等。另外，在木星动态表中，木星 84 日逆行 12 度，而在长时段的木星运动中，木星（两次留之间）逆行的度数只有 10 度，其中逆行度数最大值约 11.2 度，最小值约 9.1 度。以此来看，《三统历》的木星动态表应是在一段较短时间的木星观测基础上构建而出。更进一步，考虑西汉的浑仪测星误差，木星动态表中的逆行 12 度最可能是根据某一次或几次逆行约 11 度的木星观测而定。

土星动态表的情况与木星动态表类似，逆行前的顺行和留时间比逆行后的顺行和留时间长，逆行之前的顺行时间为 87 日，逆行之后的顺行时间为 85 日，逆行前的留时间为 34 日，逆行后的留时间为 $33\frac{862455}{19275975}$ 日。在土星动态表中，土星 101 日逆行 $6\frac{19}{81}$ 度，在长时段的土星运动中，土星逆行度数约 6.9 度，其中最大值约 7.6 度，最小值约 6.3 度。

火星动态表与木星、土星有所区别。火星动态表中，逆行前后的顺行和留时间相等，逆行前后的顺行和留时间也具有“对称性”，其中顺行时间为 276 日，留时间为 10 日。在火星动态表中，火星 62 日逆行 17 度，在长时段的火星运动中，火星逆行度数约 17.5 度，但火星逆行的最大值约 21.8 度，最小值约 11.2 度。

综上，有以下两点判断：外行星动态表的数据来源不会是长时间观测的平均值，事实上，如果西汉时就有长时段（数十年）的五星观测，五星运动的不均匀性不会等到北魏才被张子信发现；外行星动态表的数据最可能取自某段较短时间的观测值，并且这段时间里木星逆行度数均值需要在 11 度左右，土星逆行度数均值最好在 6.3 度左右，火星逆行度数均值应该在 16 ~ 18 度。

内行星中，金星和水星动态表的逆行、留和顺行时间不具有“对称性”，它们的情况和木星、土星类似。金星第一次伏之前的动态总时间比之后多3日，水星则多2日。除此之外，金星动态表有一处需要说明。在金、木、水、火、土五星中，木星、火星、土星和水星基本都是"去日半次"晨始见[1]，而金星在太阳西侧9度左右时可晨始见[2]。在《三统历》的金星动态表中，以金星"去日半次"晨始见本身没有问题，问题在于，若以金星"去日半次"晨始见，金星动态表中的金星运动数据与实际的运动相差太多，不相符。金星动态表中第一次留到第一次伏之间，230日共顺行247度，比太阳多行17度，正好将逆行和留时比太阳少行的17度抵消，则此时金星又在太阳西侧半次。但根据回推，金星从第一次留到第一次伏（以"去日半次"为准）之间，（平均值）大约210日顺行223度，这说明实测时并非以"去日半次"为金星晨始见时刻，金星的"去日半次"晨始见只是为了体例一致而设。事实上，根据分析，若以金星在太阳西侧10°为晨始见时刻，回推数据的平均值与230日顺行247度大致相符。

将上述分析结合起来后考虑，笔者认为《三统历》五星动态表的数据是刘歆在前人基础上又加改进而定。可以看到，除火星外，木、土、金、水四星的动态表构架方式都类似，其动态时间都没有"对称性"，并且动态时间前长后短，这显然是同一个构架体例。如果再联系司马迁的《史记·天官书》中只记载有木、土、金、水四星的会合周期这条信息，笔者有一种推测：西汉刘歆之前，火星会合周期或者动态表还没有被很好地描述。但刘歆之前，木、土、金、水四星的动态表已经比较完备。刘歆在《三统历》的五星动态表里可能借鉴了前人的这部分成果，但他也进行了一些改动。比如"去日半次"的设定应该是刘歆所加，这就使得金星的动态表不能很好地服从"去日半次"的设定，因为此金星动态

[1] 木星在太阳西侧13度左右时可晨始见。

[2] 主要原因是金星亮度大。

表是前人所定，当时并无“去日半次”的说法。另外，刘歆应该还微调了一些数值，使动态表形式上更加“完美”。

不同于木、土、金、水四星动态表的构建，火星动态表的形式更加“对称”，我们很难断定它是前人所作还是刘歆所定，因为火星的会合周期长达 780 日，而西汉有史记载的实测工作一般只能观测到一次完整的火星会合运动。因此火星动态表的确定中，人为构建的成分更多，这可能造成了它形式上更加“对称”。如果从数据分析的结果来看，公元前 104 年 4 月 20 日至公元前 102 年 6 月 6 日的这次火星会合运动（以晨始见为起点）中，逆行度数为 19.3 度；公元前 77 年 12 月 7 日至公元前 74 年 2 月 21 日的火星会合运动中，逆行度数为 21.6 度。相较之下，在刘向和刘歆的记载中，有数次火星会合运动中的逆行度数在 17±1 度范围内，因此，笔者认为火星动态表更可能是刘歆根据刘向或者自己的实测数据所定。

在公元前 120 年至公元 8 年的五星运动数据中，发现公元前 23 年至公元前 20 年这段时间里的五星运动与《三统历》的五星动态表非常匹配，主要是外行星实际逆行度数与外行星动态表逆行度数相当吻合。其时刘向和刘歆都受重用，加上史料中记载刘向“夜观星宿，或不寐达旦”[1]，因此《三统历》的五星动态表很可能是刘歆结合前人成果和当时观测的数据综合而定。

（二）《后汉四分历》中的五星运动观测

相比于《三统历》的五星动态表，《后汉四分历》中的五星动态表在内容和设定上都有明显的进步，同上节一样，先将《后汉四分历》中的“五步”内容和相应的动态表列出。

木，晨伏，十六日七千三百二十分半，行二度万三千八百一十一分，在日后十三度有奇，而见东方。见顺，日行五十八分度之十一，五十八

[1]（东汉）班固．汉书·楚元王传 [M]．北京：中华书局，1965，1963.

日行十一度，微迟，日行九分，五十八日行九度。留不行，二十五日。旋逆，日行七分度之一，八十四日退十二度。复留，二十五日。复顺，五十八日行九度，又五十八日行十一度，在日前十三度有奇，而夕伏西方。除伏逆，一见三百六十六日，行二十八度。伏复十六日七千三百二十分半，行二度万三千八百一十一分，而与日合。凡一终，三百九十八日有万四千六百四十一分，行星三十三度与万三百一十四分，通率日行四千七百二十五分之三百九十八。[1]

列木星动态表 2–8 于下。

表 2–8 《后汉四分历》木星动态表

动态	运行速度（度 / 日）	时间（日）	所行度数（度）
合			
晨伏		$16\frac{7320.5}{17308}$	$2\frac{13811}{17308}$
见顺	$\frac{11}{58}$	58	11
（顺）微迟	$\frac{9}{58}$	58	9
留	0	25	0
旋逆	$-\frac{1}{7}$	84	–12
留	0	25	0
顺	$\frac{9}{58}$	58	9
顺（微疾）	$\frac{11}{58}$	58	11
夕伏		$16\frac{7320.5}{17308}$	$2\frac{13811}{17308}$
一会合周期	$\frac{398}{4725}$	$398\frac{14641}{17308}$	$33\frac{10314}{17308}$

[1]（晋）司马彪．续汉书律历志下 [A]// 中华书局编辑部．历代天文律历等志汇编（五）[Z]. 北京：中华书局，1976，1524–1525.

火，晨伏，七十一日二千六百九十四分，行五十五度二千二百五十四分半，在日后十六度有奇，而见东方。见顺，日行二十三分度之十四，百八十四日行百一十二度。微迟，日行十二分，九十二日行四十八度。留不行，十一日。旋逆，日行六十二分度之十七，六十二日退十七度。复留，十一日。复顺，九十二日，行四十八度，又百八十四日行百一十二度，在日前十六度有奇，而夕伏西方。除伏逆，一见六百三十六日，行三百三度。伏复，七十一日二千六百九十四分，行五十五度二千二百五十四分半，而与日合。凡一终，七百七十九日有千八百七十二分，行星四百一十四度与九百九十三分。通率日行千八百七十六分之九百九十七。[1]

列火星动态表 2–9 于下。

表 2–9 《后汉四分历》火星动态表

动态	运行速度（度 / 日）	时间（日）	所行度数（度）
合			
晨伏		$71\frac{2694}{3516}$	$55\frac{2254.5}{3516}$
见顺	$\frac{14}{23}$	184	112
（顺）微迟	$\frac{12}{23}$	92	48
留	0	11	0
旋逆	$-\frac{17}{62}$	62	–17
留	0	11	0
顺	$\frac{12}{23}$	92	48

[1]（晋）司马彪．续汉书律历志下 [A]// 中华书局编辑部．历代天文律历等志汇编（五）[Z]. 北京：中华书局，1976，1525.

（续表）

动态	运行速度（度 / 日）	时间（日）	所行度数（度）
顺（微疾）	$\frac{14}{23}$	184	112
夕伏		$71\frac{2694}{3516}$	$55\frac{2254.5}{3516}$
一会合周期	$\frac{997}{1876}$	$779\frac{1872}{3516}$	$414\frac{993}{3516}$

土，晨伏，十九日千八十一分半，行三度万四千七百二十五分半，在日后十五度有奇，而见东方。见顺，日行四十三分度之三，八十六日行六度。留不行，三十三日。旋逆，日行十七分度之一百二，日退六度。复留，三十三日。复顺，八十六日，行六度，在日前十五度有奇，而夕伏西方。除伏逆，一见三百四十日，行六度。伏复，十九日千八十一分半，行三度万四千七百二十五分半，与日合。凡一终，三百七十八日有二千一百六十三分，行星十二度与二万九千四百五十一分。通率日行九千四百一十五分之三百一十九。[1]

列土星动态表 2–10 于下。

表 2–10 《后汉四分历》土星动态表

动态	运行速度（度 / 日）	时间（日）	所行度数（度）
合			
晨伏		$19\frac{1081.5}{36384}$	$3\frac{14725.5}{36384}$
见顺	$\frac{3}{43}$	86	6
留	0	33	0
旋逆	$-\frac{1}{17}$	102	–6

[1]（晋）司马彪．续汉书律历志下 [A]// 中华书局编辑部．历代天文律历等志汇编（五）[Z]. 北京：中华书局，1976，1525–1526.

（续表）

动态	运行速度（度 / 日）	时间（日）	所行度数（度）
留	0	33	0
顺	$\frac{3}{43}$	86	6
夕伏		$19\frac{1081.5}{36384}$	$3\frac{14725.5}{36384}$
一会合周期	$\frac{319}{9415}$	$378\frac{2163}{36384}$	$12\frac{29451}{36384}$

金，晨伏，五日，退四度，在日后九度，而见东方。见逆，日行五分度之三，十日，退六度。留不行，八日。旋顺，日行四十六分度之三十三，四十六日行三十三度。而疾，日行一度九十一分度之十五，九十一日行百六度。益疾，日行一度二十二分，九十一日行百一十三度，在日后九度，而晨伏东方。除伏逆，一见二百四十六日，行二百四十六度。伏四十一日二百八十一分，行五十度二百八十一分，而与日合。一合二百九十二日二百八十一分，行星如之。

金，夕伏，四十一日二百八十一分，行五十度二百八十一分，在日前九度，而见西方。见顺，疾，日行一度九十一分度之二十二，九十一日行百一十三度。微迟，日行一度十五分，九十一日行百六度。而迟，日行四十六分度之三十三，四十六日行三十三度。留不行，八日。旋逆，日行五分度之三，十日退六度，在日前九度，而夕伏西方。除伏逆，一见二百四十六日，行二百四十六度，伏五日，退四度而复合。凡再合一终，五百八十四日有五百六十二分，行星如之。通率日行一度。[1]

列金星动态表 2-11 于下。

[1]（晋）司马彪．续汉书律历志下 [A]// 中华书局编辑部．历代天文律历等志汇编（五）[Z]. 北京：中华书局，1976，1526.

表 2-11 《后汉四分历》金星动态表

动态	运行速度（度 / 日）	时间（日）	所行度数（度）
合			
晨伏		5	–4
见逆	$-\frac{3}{5}$	10	–6
留	0	8	0
旋顺	$\frac{33}{46}$	46	33
顺疾	$1\frac{15}{91}$	91	106
顺益疾	$1\frac{22}{91}$	91	113
晨伏		$41\frac{281}{23320}$	$50\frac{281}{23320}$
（上）合（总计）	1	$292\frac{281}{23320}$	$292\frac{281}{23320}$
夕伏		$41\frac{281}{23320}$	$50\frac{281}{23320}$
顺疾	$1\frac{22}{91}$	91	113
顺微迟	$1\frac{15}{91}$	91	106
顺迟	$\frac{33}{46}$	46	33
留	0	8	0
旋逆	$-\frac{3}{5}$	10	–6
夕伏		5	–4
（下）合（总计）	1	$292\frac{281}{23320}$	$292\frac{281}{23320}$
一会合周期	1	$584\frac{562}{23320}$	$584\frac{562}{23320}$

水，晨伏，九日，退七度，在日后十六度，而见东方。见逆，一日退一度。留不得，二日。旋顺，日行九分度之八，九日行八度。而疾，

日行一度四分度之一，二十日行二十五度，在日后十六度，而晨伏东方。除伏逆，一见，三十二日，行三十二度，伏十六日四万四千八百五分，行三十二度四万四千八百五分，而与日合。一合五十七日有四万四千八百五分，行星如之。

水，夕伏，十六日四万四千八百五分，行三十二度四万四千八百五分，在日前十六度，而见西方。见顺，疾，日行一度四分度之一，二十日行二十五度。而迟，日行九分度之八，九日行八度。留不行，二日。旋逆，一日退一度，在日前十六度，而夕伏西方。除伏逆，一见三十二日，行三十二度，伏九日，退七度而复合。凡再合一终，百一十五日有四万一千九百七十八分，行星如之。通率日行一度。[1]

列水星动态表 2–12 于下。

表 2–12 《后汉四分历》水星动态表

动态	运行速度（度 / 日）	时间（日）	所行度数（度）
合			
晨伏		9	–7
见逆	–1	1	–1
留	0	2	0
旋顺	$\frac{8}{9}$	9	8
顺疾	$1\frac{1}{4}$	20	25
晨伏		$16\frac{44805}{47632}$	$32\frac{44805}{47632}$
（上）合（总计）	1	$57\frac{44805}{47632}$	$57\frac{44805}{47632}$

[1]（晋）司马彪．续汉书律历志下 [A]// 中华书局编辑部．历代天文律历等志汇编（五）[Z]. 北京：中华书局，1976，1526–1527.

（续表）

动态	运行速度（度/日）	时间（日）	所行度数（度）
夕伏		$16\frac{44805}{47632}$	$32\frac{44805}{47632}$
顺疾	$1\frac{1}{4}$	20	25
顺迟	$\frac{8}{9}$	9	8
留	0	2	0
旋逆	–1	1	–1
夕伏		9	–7
（下）合（总计）	1	$57\frac{44805}{47632}$	$57\frac{44805}{47632}$
一会合周期	1	$115\frac{41978}{47632}$	$115\frac{41978}{47632}$

《后汉四分历》的五星动态表和《三统历》的五星动态表有几点不同。首先，《后汉四分历》的五星动态表不再以“晨始见”作为起点，而是以“伏”的中点“合”作为起点；其次，在以“合”为起点的基础上，《后汉四分历》的五星动态表在形式上更加“完美”，外行星各个动态的速度和时间在逆行前后对称，内行星各个动态的速度和时间在上合前后对称；另外，《后汉四分历》的五星动态表为五星设定了不同的晨始见点，其中木星在太阳西侧十三度有奇，火星在太阳西侧十六度有奇，土星在太阳西侧十五度有奇，金星在太阳西侧九度，水星在太阳西侧十六度；最后，在《续汉书·律历志》里的五星“步术”里提及“其以赤道命度，进加退减之，其步以黄道”[1]，说明《后汉四分历》的五星动态表用黄道度数。在具体推步时，先用黄道度数推步，再将黄道度数换算为赤道度

[1]（晋）司马彪．续汉书律历志下 [A]// 中华书局编辑部．历代天文律历等志汇编（五）[Z]. 北京：中华书局，1976，1527.

数进行记录。

《后汉四分历》五星动态表以“合”作为会合周期的起点，并且使五星动态表的动态数据“对称”，显然是受到制历者某种信念的影响。而设定五星晨始见离太阳的距离不相等，主要与东汉细致的天文观测有关。从地球上观察五星的亮度不一样，因此五星晨始见时离太阳的距离不相等。东汉治历者不仅知道这点，而且大概定出了五星晨始见时各星距离太阳的（黄道）度数。而要定五星晨始见各星距离太阳的（黄道）度数，需要分别知道晨始见时五星和太阳的具体宿度。五星晨始见可以直接用浑仪测得五星的赤道宿度，换算后可得五星晨始见的黄道宿度；五星晨始见的太阳宿度无法直接测定，但在东汉时可以先测定出冬至夜半的太阳宿度，再根据日日行一度的准则，计算出五星晨始见当日夜半的太阳宿度，最后根据五星晨始见时刻定出五星晨始见的太阳宿度。这种方法定出的太阳宿度误差在 1 度以内。（详见第二章的分析）所以，《后汉四分历》的五星晨始见距离太阳的黄道度数不仅比《三统历》更加合理，而且具有很高的准确度。另外，《后汉四分历》的五星动态表按照黄道宿度进行描述，它比按赤道宿度描述的方法更加准确。

《后汉四分历》的五星动态表较《三统历》而言，更加翔实和准确，但它确定五星动态表数据的方法和《三统历》类似。《后汉四分历》也是先确定五星的会合周期，它所给出的五星会合周期比《三统历》更加准确，这应该是因为它选取了更多次数会合周期的平均值。在定出五星会合周期之后，需要确定五星各个动态的具体数值。《后汉四分历》五星动态表的数值和形式都非常“完美”，仅从数据上分析，很难判断它是多次观测的平均结果，还是（更多地）人为调整的结果。但从一些细节上，我们可以更多地了解五星动态表的构建过程。

《后汉四分历》的木星动态表中，木星逆行的时间和度数与《三统历》一致，都是 84 日逆行 12 度，而木星实际逆行 10 度（黄道宿度）左右。以东汉时的观测水平，在实际观测中能够发现此误差，但在木星动态表中，并没有提到木星逆行 10 度。笔者认为，《后汉四分历》的五星动态表是在《三统历》五星动态表的基础上进行构建的。在旧表的基础上，治历者既要依据实测数据进行一些必要的改动，又要兼顾数值和形式的"完美"，因此一些不太准确的数值也会被新的五星动态表所接纳。

第三章 汉代的恒星观测

中国古人仰观天象，除了注意到日月五星这七个运动着的天体，还发现天空中有数量繁多的“不动”天体，它们随天同转而自身不动，可能因为这个原因，古人称其为“恒星”[1]。因为恒星在天空中的相对位置基本不变，所以古人通常用它们作为参照物来辨别日月五星的位置变化。而要以恒星为参照物规度天空，离不开对恒星的观测。中国最早对恒星进行系统描述的记载见于《史记 · 天官书》，其以“中宫天极星”开篇，先述北极众星，后按东宫苍龙、南宫朱雀、西宫白虎、北宫玄武的次序描述了二十八宿星官及附近诸星，系统且详细地描述了恒星的相对位置。除了史籍中的恒星位置记载，中国古代还有一种专门记录恒星的形式——星图。汉代的“石氏星表”，其数据被《开元占经》收录，被认为是中国最早的星表，其中记录有121颗恒星（现存本中仅115颗）的位置信息。由此可见，汉代人曾对恒星进行过仔细的观测。正是因为这种细致的观测，现在我们对汉代恒星观测的研究才有许多内容可做，本章仅就两点新论进行阐述。

[1] 吴守贤，全和钧．中国古代天体测量学及天文仪器 [M]. 北京：中国科学技术出版社，2008：74.

汉代对二十八宿的观测

西汉时，人们对天空中的二十八宿已经有清晰的认识，事实上，《周礼》就记载过春官冯相氏“掌十有二岁、十有二月、十有二辰、十日、二十八星之位，辨其叙事，以会天位”[1]。但根据前人研究，西汉时的《太初历》和《三统历》实际用的是两套不同的二十八宿体系，《三统历》的二十八宿体系与石氏全同，而《太初历》的二十八宿体系仅有两宿同石氏体系，其余二十六宿同甘氏。[2] 这条结论证明了《三统历》二十八宿距度数据为落下闳所测是完全错误的观点，薄树人认为此二十八宿距度数据应传承自古代。[3] 就此问题，先做一点讨论。

将《三统历》中的二十八宿距度值列于表 3–1 中，按前人说法，今本《三统历》脱落了周天度的尾数 $\frac{385}{1539}$ 度，并且此尾数分配在斗宿，它与《淮南子·天文训》中所列的二十八宿距度仅有尾数和尾数分配宿不同。[4] 接下来，以北京时间公元前 105 年 12 月 25 日 0 时为回推时间

[1]（汉）郑玄注，（唐）贾公彦疏．周礼注疏·春官宗伯 [A]//（清）阮元校刻．十三经注疏 [Z]. 北京：中华书局，2009：1767.

[2] 张培瑜，陈美东，薄树人，等．中国古代历法 [M]. 北京：中国科学技术出版社，2008. 295–296.

[3] 薄树人．《太初历》和《三统历》[A]. 薄树人文集 [M]. 合肥：中国科学技术大学出版社，2003：329–368.

[4] 张培瑜，陈美东，薄树人，等．中国古代历法 [M]. 北京：中国科学技术出版社，2008：296.

点，通过 Skymap11.0 获得了当时二十八宿距度的理论值，现将其与《三统历》二十八宿距度的误差分析结果列于表 3–1。

表 3–1 《三统历》二十八宿距度误差分析表

星宿名	距星	记载距度（度）	理论距度（度）	记载距度与理论距度之差（度）
斗	φ Sagittarii	$26\frac{385}{1539}$	26.72	–0.47
牛	β Capricorni	8	7.86	0.14
女	ε Aquarii	12	11.92	0.08
虚	β Aquarii	10	9.52	0.48
危	α Aquarii	17	16.56	0.44
营室	α Pegasi	16	16.77	–0.77
壁	γ Pegasi	9	8.42	0.58
奎	ζ Andromedae	16	16.14	–0.14
娄	β Arietis	12	11.02	0.98
胃	35 Arietis	14	14.95	–0.95
昴	17 Tauri	11	11.22	–0.22
毕	ε Tauri	16	18.03	–2.03
觜	f_1 Orionis	2	1.19	0.81
参	δ Orionis	9	7.87	1.13
井	μ Geminorum	33	33.20	–0.20
鬼	θ Cancri	4	4.07	–0.07
柳	δ Hydrae	15	14.99	0.01

（续表）

星宿名	距星	记载距度（度）	理论距度（度）	记载距度与理论距度之差（度）
星	α Hydrae	7	6.81	0.19
张	u_1 Hydrae	18	17.33	0.67
翼	α Crateris	18	18.11	–0.11
轸	γ Corvi	17	17.07	–0.07
角	α Virginis	12	11.88	0.12
亢	κ Virginis	9	8.94	0.06
氐	a_2 Librae	15	14.92	0.08
房	π Scorpii	5	5.39	–0.39
心	σ Scorpii	5	4.57	0.43
尾	m_1 Scorpii	18	19.34	–1.34
箕	γ Sagittarii	11	10.44	0.56

表 3–1 中，记载距度与理论距度之差的标准差约为 0.68 度。前人做此计算时已经提过，距度是相邻两宿距星的赤经差，所以受岁差影响微乎其微，几百年中的变化都可以忽略不计[1]，因此表 3–1 中的二十八宿计算值对整个汉代都是适用的。在表 3–1 的误差数据中，毕宿的距度误差最大，有 2.03 度，参宿和尾宿的距度误差大于 1 度，其余皆小于 1 度，而全部的标准差仅为 0.68 度，如果此二十八宿距度是西汉时实测所得，则西汉恒星观测的精度在 1 度左右的结论是完全可以接受的。另外，严格地讲，如果这些距度值是更早时候所测，我们就不能以

[1] 孙小淳．关于汉代的黄道坐标测量及其天文学意义 [J]. 自然科学史研究，2000，19（2）：143–154，149.

此来推断西汉时的恒星观测精度。接下来讨论《三统历》二十八宿距度是否西汉实测所得的问题。

前面已经说过，《三统历》二十八宿距度与《淮南子 · 天文训》中二十八宿距度几乎完全一样，最大的区别在于《淮南子 · 天文训》将尾数分在了箕宿，《三统历》则分给了斗宿。参照表 3–1 可以知道，尾数分配宿可以不由观测决定，分配在箕宿或者斗宿都符合当时的观测精度水平，因此，《三统历》二十八宿距度取自《淮南子·天文训》是有可能的。但根据史料中的一些线索，笔者更偏向于另一种可能——《三统历》二十八宿距度是西汉晚期重新测量而得，但限于当时的观测水平，其所测二十八宿距度仍与古度相同。《汉书 · 律历志》中就记载过类似情况：“太史令玄等候元和二年至永元元年，五岁中课日行及冬至斗二十一度四分一，合古历建星《考灵曜》日所起，其星闲距度皆如石氏故事。”[1]

事实上，认为西汉晚期重新测量过二十八宿距度，是因为笔者认为在西汉晚期曾有过一次仔细的恒星观测，二十八宿距度的测量是其中必要的工作，更重要的是，《石氏星经》的恒星数据很可能来自这次观测。按《续汉书·律历志》记载：

“《石氏星经》曰：‘黄道规牵牛初直斗二十度，去极二十五度。’于赤道，斗二十一度也。《四分法》与行事候注天度相应。《尚书考灵曜》‘斗二十二度，无余分，冬至在牵牛所起’。又编欣等据今日所在未至牵牛中星五度，于斗二十一度四分一，与《考灵曜》相近，即以明事。元和二年八月，诏书曰‘石不可离’，令两候，上得算多者。”[2]

---

[1]（晋）司马彪 . 续汉书律历志中 [A]// 中华书局编辑部 . 历代天文律历等志汇编（五）[Z]. 北京：中华书局，1976：1482.

[2]（晋）司马彪 . 续汉书律历志中 [A]// 中华书局编辑部 . 历代天文律历等志汇编（五）[Z]. 北京：中华书局，1976：1481–1482.

很显然，东汉时已经有《石氏星经》，而且其中说冬至点在黄道宿度的斗二十度，相当于赤道宿度的斗二十一度，但看起来此《石氏星经》应是一部近作，所以在谶纬之说盛行的东汉，改历的理由中最好还有古书的证据，所以提《石氏星经》之后又提《尚书考灵曜》，以论证冬至点在斗二十一度四分一的正确性，最终诏书言"石不可离"（笔者认为此句应解释为不能背离石氏的实测作风），并提出实测为准的方案，可见当时皇帝十分看重"实测验天"。

而关于《石氏星经》是一部近作的判断和过去学者对《石氏星经》观测年代的研究结论相一致，具体地讲，是和薮内清、前山保胜以及孙小淳三人的结论相吻合。薮内清先认为《石氏星经》的观测年代为公元前 65 年，后又变为公元前 70 年；前山保胜则给出了公元前 70±30 年这个范围；孙小淳用傅里叶分析法分析后认为《石氏星经》观测于公元前 78±18 年。[1] 前文已经提过薄树人的工作，其中一条结论是《太初历》二十八宿用甘氏体系，而《三统历》二十八宿用石氏体系。同时，《三统历》二十八宿距度与《石氏星经》二十八宿距度又完全相同，因此笔者认为《三统历》的二十八宿数据和《石氏星经》的恒星数据很可能出自同一次观测，这次观测应在太初改历之后。对于这次观测的具体过程，笔者有一些猜测。

根据扬雄"或问浑天，曰落下闳营之，鲜于妄人度之，耿中丞象之"[2] 的说法，鲜于妄人（生卒年不详）等人在元凤三年至六年（公元前 78 年—公元前 75 年）的观测中，很可能重定了恒星观测体系，将太初改历时的甘氏体系转变为石氏体系，并且以石氏体系标注了恒星的位置。但有关黄道内外度以及黄赤坐标变换的工作，可能是之后的耿寿昌（生卒年

[1] 陈美东．中国科学技术史·天文学卷 [M]. 北京：科学出版社，2003：150-152.
[2] 李守奎，洪玉琴．扬子法言译注 [M]. 哈尔滨：黑龙江人民出版社，2003：139.

不详）所做，并且这项工作并非实测，而是用类似“小浑”的方法“象”出。按《汉书·律历志》记载：

以今太史官候注考元和二年九月已来月行牵牛、东井四十九事，无行十一度者；行娄、角三十七事，无行十五六度者，如安言。问典星待诏姚崇、井毕等十二人，皆曰“星图有规法，日月实从黄道，官无其器，不知施行”。[1]

很显然，到东汉元和二年（公元 85 年）时，人们还没有可以直接观测黄道宿度的天文仪器，所以《石氏星表》中的黄道内外度如果确是西汉时所得，就不可能是通过直接观测而得。

而在西汉的石氏恒星体系确定之后，东汉的元和二年至永元元年间，史官还重新观测过二十八宿距度，其结果同《石氏星经》，至于东汉还有没有系统地进行过恒星位置的观测，我们已无从得知。

汉代对十二次与十二辰的观测

古时，在二十八宿体系之后还建立过一种星区划分法，即十二次划分法，它主要是用于观测木星的运动。[2] 十二次划分法在汉代沿赤道划

[1]（晋）司马彪．续汉书律历志中 [A]. 中华书局编辑部．历代天文律历等志汇编（五）[Z]. 北京：中华书局，1976：1483.

[2] 吴守贤，全和钧．中国古代天体测量学及天文仪器 [M]. 北京：中国科学技术出版社，2008：36.

分，其（太阳）冬至点位置在某一次的正中间，这一次就叫星纪，然后由西向东依次是玄枵、娵訾、降娄、大梁、实沈、鹑首、鹑火、鹑尾、寿星、大火、析木，每一次都是 30°。与此十二次对应，还有一种十二辰的划分法，以星纪为丑，析木为寅，大火为卯，寿星为辰，鹑尾为巳，鹑火为午，鹑首为未，实沈为申，大梁为酉，降娄为戌，娵訾为亥，玄枵为子，它们在星空中自东向西排布。[1] 但这种十二辰划分法的依据至今无法考证。

在睡虎地秦简《日书》中，记载有秦历岁首十月到九月的招摇所指以及玄戈所指，其文如下：

十月招摇击未，玄戈击尾；十一月招摇击午，玄戈击心；十二月招摇击巳，玄戈击房；正月招摇击辰，玄戈击翼；二月招摇击卯，玄戈击张；三月招摇击寅，玄戈击七星；四月招摇击丑，玄戈击此巂（觜觿）；五月招摇击子，玄戈击毕；六月招摇击亥，玄戈击茅（卯）；七月招摇击戌，玄戈击营室；八月招摇击酉，玄戈击危；九月招摇击申，玄戈击虚。[2]

其中招摇所指为北斗一、五、七星的连线方向，玄戈所指为北斗六、七星的连线方向。《淮南子·时则训》中也有类似的记载：

孟春之月，招摇指寅……仲春之月，招摇指卯……季春之月，招摇指辰……孟夏之月，招摇指巳……仲夏之月，招摇指午……孟秋之月，招摇指申……仲秋之月，招摇指酉……季秋之月，招摇指戌……孟冬之月，招摇指亥……仲冬之月，招摇指子……季冬之月，招摇指丑……。[3]

从这些记载来看，特别是《日书》中的玄戈所指宿度，表明当时的人们认为斗柄转动方向时，恒星是固定不动的。而实际上，斗柄与恒星

[1] 中国天文学史整理研究小组．中国天文学史 [M]. 北京：科学出版社，1981：114.
[2] 陈美东．中国科学技术史·天文学卷 [M]. 北京：科学出版社，2003：106.
[3] 刘文典，冯逸，乔华．淮南鸿烈集解 [M]. 北京：中华书局，2016：191-221.

是同步转动的，斗柄所指的星区不会变化。而在这种认识下，笔者对十二辰与十二次的对应关系做一些推测。

前面说过，十二次中冬至点位置在星纪正中，而《淮南子·天文训》中说十二辰“斗指子则冬至”[1]，这里的冬至是指时间，“斗指子”应是说斗指北，而《尔雅注疏》中记“玄枵，虚也。虚在正北，北方色黑”[2]，因此在十二辰中，玄枵为子。这里作图 3–1 展示十二辰与十二次的对应关系。

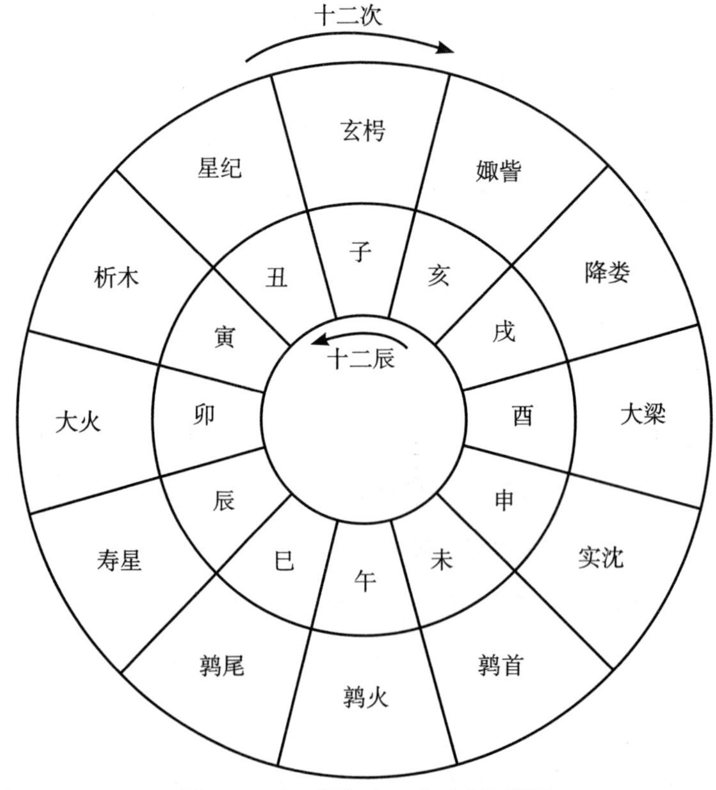

图 3–1　十二辰与十二次对应示意图

接下来，讨论与十二辰观测密切相关的岁星纪年法和太岁纪年法。

[1] 刘文典，冯逸，乔华 . 淮南鸿烈集解 [M]. 北京：中华书局，2016：118.

[2]（晋）郭璞注，（宋）邢昺疏 . 尔雅注疏 · 释天 [A]//（清）阮元校刻 . 十三经注疏 [Z]. 北京：中华书局，2009：5675.

西汉太初改历时，有一段前后矛盾的历史，先看两段史料的记载。《史记·历书》记载：

至今上即位，招致方士唐都，分其天部；而巴落下闳运算转历，然后日辰之度与夏正同。乃改元，更官号，封泰山。因诏御史曰："乃者，有司言星度之未定也，广延宣问，以理星度，未能詹也。盖闻昔者黄帝合而不死，名察度验，定清浊，起五部，建气物分数。然盖尚矣。书缺乐弛，朕甚闵焉。朕唯未能循明也，紬绩日分，率应水德之胜。今日顺夏至，黄钟为宫，林钟为徵，太蔟为商，南吕为羽，姑洗为角。自是以后，气复正，羽声复清，名复正变，以至子日当冬至，则阴阳离合之道行焉。十一月甲子朔旦冬至已詹，其更以七年为太初元年。年名'焉逢摄提格'，月名'毕聚'，日得甲子，夜半朔旦冬至。"[1]

又《汉书·律历志》记载：

遂诏卿、遂、迁与侍郎尊、大典星射姓等议造《汉历》。乃定东西，立晷仪，下漏刻，以追二十八宿相距于四方，举终以定朔晦分至，躔离弦望。乃以前历上元泰初四千六百一十七岁，至于元封七年，复得阏逢摄提格之岁，中冬十一月甲子朔旦冬至，日月在建星，太岁在子，已得太初本星度新正。[2]

在《史记》和《汉书》中，有一个共同说法——元封七年，也即太初元年这一年，其岁名阏逢摄提格[3]。按《尔雅·释天》的解释，阏逢摄提格即为甲寅，但在太岁纪年法中，岁名阏逢摄提格，只能说明太岁在寅，至于天干的"甲"并无实际对应，换一种说法，就是可定"甲"，

[1]（西汉）司马迁．史记历书 [A]// 中华书局编辑部．历代天文律历等志汇编（一）[Z]. 北京：中华书局，1976：1352.

[2]（西汉）班固．汉书律历志上 [A]// 中华书局编辑部．历代天文律历等志汇编（五）[Z]. 北京：中华书局，1976：1401.

[3] 焉逢同阏逢，都表示天干中的"甲"。

也可定“乙”，或者其他任意天干。因此，岁名阏逢摄提格实际就是说太岁在寅，那么，《汉书》中为何又说“太岁在子”？关于这个矛盾，笔者认为只要知道太初改历时有两种不同派别的太岁纪年法，就能初步解开这个矛盾。

太初改历时的司马迁曾用过一种太岁纪年法，其在《史记·天官书》有载：

以摄提格岁：岁阴左行在寅，岁星右转居丑。正月，与斗、牵牛晨出东方，名曰监德。色苍苍有光。其失次，有应见柳。岁早，水；晚，旱。

岁星出，东行十二度，百日而止，反逆行；逆行八度，百日，复东行。岁行三十度十六分度之七，率日行十二分度之一，十二岁而周天。出常东方，以晨；入於西方，用昏。

单阏岁：岁阴在卯，星居子。以二月与婺女、虚、危晨出，曰降入。大有光。其失次，有应见张。其岁大水。

执徐岁：岁阴在辰，星居亥。以三月与营室、东壁晨出，曰青章。青青甚章。其失次，有应见轸。岁早，旱；晚，水。

大荒骆岁：岁阴在巳，星居戌。以四月与奎、娄晨出，曰跰踵。熊熊赤色，有光。其失次，有应见亢。

敦牂岁：岁阴在午，星居酉。以五月与胃、昴、毕晨出，曰开明。炎炎有光。偃兵；唯利公王，不利治兵。其失次，有应见房。岁早，旱；晚，水。

叶洽岁：岁阴在未，星居申。以六月与觜觿、参晨出，曰长列。昭昭有光。利行兵。其失次，有应见箕。

涒滩岁：岁阴在申，星居未。以七月与东井、舆鬼晨出，曰大音。昭昭白。其失次，有应见牵牛。

作鄂岁：岁阴在酉，星居午。以八月与柳、七星、张晨出，曰长王。

作作有芒。国其昌，熟谷。其失次，有应见危。有旱而昌，有女丧，民疾。

阉茂岁：岁阴在戌，星居巳。以九月与翼、轸晨出，曰天睢。白色大明。其失次，有应见东壁。岁水，女丧。

大渊献岁：岁阴在亥，星居辰。以十月与角、亢晨出，曰大章。苍苍然，星若跃而阴出旦，是谓“正平”。起师旅，其率必武；其国有德，将有四海。其失次，有应见娄。

困敦岁：岁阴在子，星居卯。以十一月与氐、房、心晨出，曰天泉。玄色甚明。江池其昌，不利起兵。其失次，有应昴。

赤奋若岁：岁阴在丑，星居寅，以十二月与尾、箕晨出，曰天皓。黫然黑色甚明。其失次，有应见参。[1]

然后是《太初历》所用太岁纪年法，见于《汉书·天文志》：

太岁在寅曰摄提格。岁星正月晨出东方，石氏曰名监德，在斗、牵牛。失次，杓，早水，晚旱。甘氏在建星、婺女。太初历在营室、东壁。

在卯曰单阏。二月出，石氏曰名降人，在婺女、虚、危。甘氏在虚、危。失次，杓，有水灾。太初在奎、娄。

在辰曰执徐。三月出，石氏曰名青章，在营室、东壁。失次，杓，早旱，晚水。甘氏同。太初在胃、昴。

在巳曰大荒落。四月出，石氏曰名路踵，在奎、娄。甘氏同。太初在参、罚。

在午曰敦牂。五月出。石氏曰名启明，在胃、昴、毕。失次，杓，早旱，晚水。甘氏同。太初在东井、舆鬼。

在未曰协洽。六月出，石氏曰名长烈，在觜觿、参。甘氏在参、罚。太初在注、张、七星。

[1]（西汉）司马迁．史记天官书 [A]// 中华书局编辑部．历代天文律历等志汇编（一）[Z]. 北京：中华书局，1976：26-29.

在申曰涒滩。七月出。石氏曰名天晋，在东井、舆鬼。甘氏在弧。太初在翼、轸。

在酉曰作詻。八月出。石氏曰名长壬，在柳、七星、张。失次，杓，有女丧、民疾。甘氏在注、张。失次，杓，有火。太初在角、亢。

在戌曰掩茂。九月出，石氏曰名天睢，在翼、轸。失次，杓，水。甘氏在七星、翼。太初在氐、房、心。

在亥曰大渊献。十月出，石氏曰名天皇，在角、亢始。甘氏在轸、角、亢。太初在尾、箕。

在子曰困敦。十一月出，石氏曰名天宗，在氐、房始。甘氏同。太初在建星、牵牛。

在丑曰赤奋若。十二月出，石氏曰名天昊，在尾、箕。甘氏在心、尾。太初在婺女、虚、危。[1]

具体来看，两家太岁纪年法都以太岁在寅为摄提格，但区别是太岁在寅时，两家对应的岁星位置不同。《史记 · 天官书》中太岁在寅时，岁星在丑，正月与斗、牛宿晨出东方；而《太初历》所用的太岁纪年法，太岁在寅时，岁星正月晨出东方，在营室、壁宿，若将二十八宿与十二辰对应，则营室、壁宿应在亥，即是说《太初历》认为太岁在寅，岁星在亥。

接下来，根据 Skymap11.0 回推了太初元年十一月中旬早晨的天象，发现其时岁星与斗、牛宿晨见东方，具体位置大约在斗 11 度。按照司马迁的太岁纪年法，“以摄提格岁：岁阴左行在寅，岁星右转居丑。

[1]（西汉）班固．汉书天文志 [A]// 中华书局编辑部．历代天文律历等志汇编（一）[Z]. 北京：中华书局，1976：83-84.

正月，与斗、牵牛晨出东方”[1]，其年岁星在丑，太岁应在寅，所以太初元年为寅年；而按照《太初历》的太岁纪年法，“在子曰困敦。十一月出……太初在建星、牵牛”[2]，其年岁星在丑，太岁应在子，故太初元年为子年。为了方便对照，将两种太岁纪年法中的太岁所在和岁星所在列于表 3–2。

表 3–2　太岁纪年法中的岁星位置与太岁位置对应表

岁名	太岁所在	《史记·天官书》中的岁星所在	《太初历》的岁星所在
摄提格	寅	丑	亥
单阏	卯	子	戌
执徐	辰	亥	酉
大荒落	巳	戌	申
敦牂	午	酉	未
协洽	未	申	午
涒滩	申	未	巳
作鄂（詻）	酉	午	辰
掩茂	戌	巳	卯
大渊献	亥	辰	寅
困敦	子	卯	丑
赤奋若	丑	寅	子

另外，司马迁的太岁纪年法实际同于甘德，在《开元占经》中就记载有甘德的太岁纪年法。

甘氏曰：“岁星处一国是司岁十二，名摄提格之岁。摄提格在寅，

[1]（西汉）司马迁．史记天官书 [A]// 中华书局编辑部．历代天文律历等志汇编（一）[Z]. 北京：中华书局，1976：26.

[2]（西汉）班固．汉书天文志 [A]// 中华书局编辑部．历代天文律历等志汇编（一）[Z]. 北京：中华书局，1976：84.

岁星在丑，以正月与建、斗、牵牛、婺女，晨出于东方为日。”[1]

而其时甘德所用应为周正，所以此处“正月”相当于夏正的十一月，而《史记 · 历书》所记“月名‘毕聚’”——即“正月”，显然也是用的周正的“正月”，即夏正的十一月。

这样看来，太初改历时司马迁和邓平等人都是以实际的岁星观测为基础的，只不过因为司马迁和邓平等人所使用的太岁纪年法中岁星位置和太岁位置的对应关系不一样，才使得邓平等人认定太初元年为子年，而司马迁认为为寅年。而太初元年最后定为丙子年，笔者认为和最早的以干支命名的年份记载有关。《淮南子 · 天文训》载：“淮南元年，太一在丙子。”[2] 淮南元年为公元前 164 年，其年若为丙子年，则 60 年后的太初元年也是丙子年。而司马迁定太初元年为甲寅年，笔者推测这和甲为天干之首有关；若再考虑到《尔雅》中还以寅为地支之首，那么太初元年为甲寅年确实是相当完美的一个设定。

但问题到这里还没有结束，《太初历》最后定太初元年为丙子年，但按后世干支纪年法回推，太初元年应为丁丑年。对于这个矛盾，陈久金提供了一种解释：《太初历》制订时将太岁进行了一次超辰处理，使太初元年正月之后为丁丑年，而岁前冬至那一年（即元封六年）是丙子年。[3] 笔者认同这个解释的具体操作，但此操作并非太初改历时所做，而应该是刘歆所做，并且是做岁星超辰，再对应地将太岁超辰。下面对此进行分析。

前面说过，《太初历》制订时太初元年为丙子年是和淮南元年为丙

[1]（唐）瞿昙悉达 . 开元占经 [M]. 北京：九州出版社，2012：225.

[2] 刘文典，冯逸，乔华 . 淮南鸿烈集解 [M]. 北京：中华书局，2016：123.

[3] 陈久金 . 从马王堆帛书《五星占》的出土试探我国古代的岁星纪年问题 [J]// 中国天文学史文集 [M]. 北京：科学出版社，1978：48-65，53-59.

子年相关联的，也就是说其时以元封六年为乙亥年。而最主要的原因是在《太初历》的太岁纪年法中，定太初元年为（丙）子年已经是根据实际岁星位置反推的太岁在子，不存在岁星或者太岁超辰的处理。笔者认为，将太初元年改为丁丑年是刘歆所为，具体地说，刘歆在回推太初元年的干支年名时，以他当时的岁星位置为准，并且考虑岁星 144 年超辰一次，最后得出太初元年岁前冬至的岁星位置在婺女六度，并且这种做法还兼顾了太初改历时“太岁在子”的说法，因为在刘歆的十二次中，婺女六度仍在星纪范围，而岁星在星纪，太岁当在子。上述分析用到的史实记载于《汉书·律历志》：

星纪，初斗十二度，大雪。中牵牛初，冬至。于夏为十一月，商为十二月，周为正月。终于婺女七度。[1]

汉历太初元年，距上元十四万三千一百二十七岁。前十一月甲子朔旦冬至，岁在星纪婺女六度，故《汉志》曰：岁名困敦，正月岁星出婺女。[2]

可以看出，刘歆所推出的太初元年岁前冬至的岁星位置婺女六度与实际的岁星位置有 20° 左右的误差。由于这个误差，刘歆进行了一次岁星超辰的处理，岁星超辰，太岁同超，所以太初元年由丙子年变为丁丑年。后世不用岁星纪年，而只单独用太岁（干支）纪年，因此所有的干支纪年以太初元年为丁丑年为准。

[1]（西汉）班固．汉书律历志下 [A]// 中华书局编辑部．历代天文律历等志汇编（五）[Z]. 北京：中华书局，1976：1431.

[2]（西汉）班固．汉书律历志下 [A]// 中华书局编辑部．历代天文律历等志汇编（五）[Z]. 北京：中华书局，1976：1449.

第四章 汉代历法的历元确定

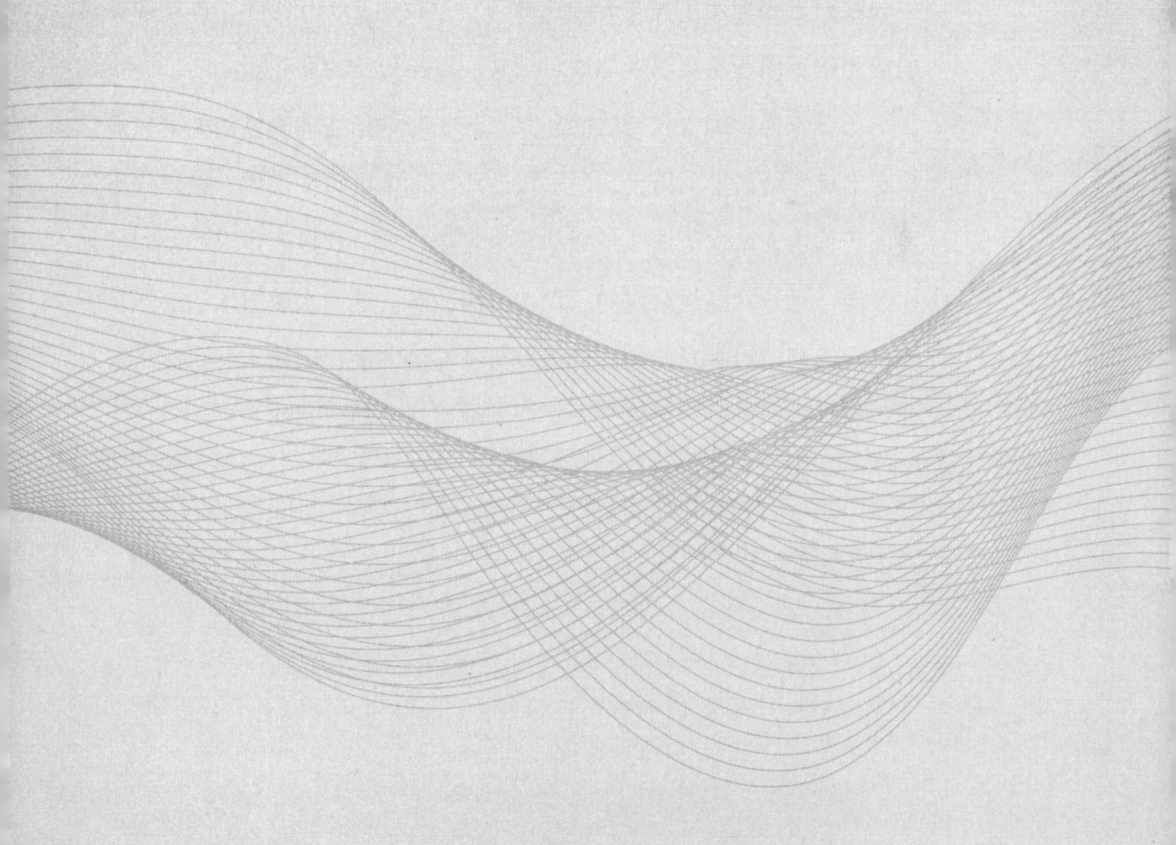

在汉代天文学的发展历程中，天文观测与历法紧密联系在一起，我们可以在历法参数和观测数据的互动中看到这种联系。在前几章的内容中，我们已经揭示了一些历法参数与观测数据在相互影响，本章要探讨的历元确定问题将更清晰地展示天文观测与历法的联系。

历元作为中国古代历法的起算点，是影响历法准确性的关键参数，确定准确（合天）的历元，是汉代改历活动中的首要工作。在汉代历法发展历程中，两次历法改革活动至为重要，前一次是西汉汉武帝时的太初改历，后一次则是东汉的后汉四分历改革。这两次改历活动都涉及历元确定问题，过去对此的研究仍有可补充的方面，因此本书特设本章对此问题进行讨论，借以展示天文观测与历法互动之一隅。

《太初历》的历元确定

在汉代历法中，汉初历法用《颛顼历》历元，《太初历》和《三统历》[1]以太初元年岁前十一月甲子夜半(公元前 105 年 12 月 25 日 0 时)为历元，《后汉四分历》则定汉文帝后元三年十一月甲子夜半（公元前 162 年 12 月 25 日 0 时）为近距历元。其中，汉初历法用《颛顼历》历元，取立春时刻和合朔时刻相同的时间点为历元。太初改历之后，汉代历法皆取冬至时刻和合朔时刻相同的时间点为历元。

西汉武帝太初元年（公元前 104 年）颁行新历《太初历》，其历元定为太初元年岁前十一月甲子朔日夜半。《太初历》以既是合朔时刻，又是冬至时刻的（太初元年岁前）十一月甲子夜半作为历法起算点，无疑相当完美。一般认为，这个完美历元由汉《颛顼历》推算而得。

太初改历发生在西汉武帝时期，其最终结果是国家颁行邓平等人所制的新历《太初历》。《太初历》“以律起历”，以八十一为日法，定太初元年岁前十一月甲子朔日夜半为历元，这些都与《三统历》相同，因此一般认为《三统历》是刘歆（？—23）根据《太初历》改编而成，两历的内容并无区别。但这种看法并不准确，薄树人已经指出《太初历》和《三统历》在几个方面的明显区别。[2]《三统历》与《太初历》的差异，要求学者们在研究《太初历》的相关问题时更加谨慎。事实上，《太初历》作为西汉行用时间最长、影响最大的历法，对其的研究仍相对薄弱，而在关于《太初历》的研究中，历元确定问题最为关键，它可以被看

[1]《三统历》为中国第一部有完整术文传世的历法。

[2] 薄树人．试论《三统历》和《太初历》的不同点 [J]. 自然科学史研究，1983，2（2）：133−138.

作串联整个《太初历》制订过程的线索，本文接下来就对其进行分析。

（一）太初改历的过程

《太初历》经太初改历而定，制订过程相对复杂，这里先来梳理太初改历的始末。关于太初改历的起因见《汉书·律历志》的记载。

至武帝元封七年，汉兴百二岁矣，大中大夫公孙卿、壶遂、太史令司马迁等言“历纪坏废，宜改正朔”。是时御史大夫兒宽[1]明经术，上乃诏宽曰：“与博士共议，今宜何以为正朔？服色何上？”宽与博士赐等议，皆曰：“帝王必改正朔，易服色，所以明受命于天也。创业变改，制不相复，推传序文，则今夏时也。臣等闻学褊陋，不能明。陛下躬圣发愤，昭配天地，臣愚以为三统之制，后圣复前圣者，二代在前也。今二代之统绝而不序矣，唯陛下发圣德，宣考天地四时之极，则顺阴阳以定大明之制，为万世则。”于是乃诏御史曰：“乃者有司言历未定，广延宣问，以考星度，未能雠也。盖闻古者黄帝合而不死，名察发敛，定清浊，起五部，建气物分数。然则上矣。书缺乐弛，朕甚难之。依违以惟，未能修明。其以七年为元年。”遂诏卿、遂、迁与侍郎尊、大典星射姓等议造汉历。[2]

可见，明面上太初改历的直接原因是司马迁等人上书“历纪坏废，宜改正朔”。此时汉初所用历法误差明显，时常与实际天象不合，因此需要改历。其后汉武帝诏明于经术的御史大夫倪宽询问此事，倪宽和博士赐等人商议后也支持改历，在这样的情况下，汉武帝才下令改元封七年为太初元年，并且命卿、遂、迁与侍郎尊、大典星射姓等人负责制订新历。但《汉书·律历志》紧跟着写道：

---

[1]“兒宽”中的“兒”作姓时同“倪”。

[2]（东汉）班固．汉书律历志上 [A// 中华书局编辑部．历代天文律历等志汇编（五）[Z]. 北京：中华书局，1976：1400-1401.

遂诏卿、遂、迁与侍郎尊、大典星射姓等议造汉历。乃定东西，立晷仪，下漏刻，以追二十八宿相距于四方，举终以定朔晦分至，躔离弦望。乃以前历上元泰初四千六百一十七岁，至于元封七年，复得阏逢摄提格之岁，中冬十一月甲子朔旦冬至，日月在建星，太岁在子，已得太初本星度新正。姓等奏不能为算，愿募治历者，更造密度，各自增减，以造汉《太初历》。[1]

这是说大典星射姓等人受命制订新历后马上进行观测，最终定下“中冬十一月甲子朔旦冬至”，并且“已得太初本星度新正”。但随后这批制历者突然上奏“（历）不能为算”，而且提出要招募新的制历者重新制订新历。此时间节点可作为太初改历前后半段的分界点，至此太初改历的前半段结束。在太初改历的前半段中，大典星射姓等人上奏“（历）不能为算”这件事情令人十分疑惑，其奇怪之处有二：一是历法的历元和星星的位置都已确定，为何历法还会“不能为算”；二是“不能为算”的困难之大竟然让大典星射姓等人束手无策，以至于甘愿另请高明重新造历。这就是太初改历中的第一桩疑案——“不能为算”之谜。

《汉书·律历志》接着记载了太初改历后半段的情形：

乃选治历邓平及长乐司马可、酒泉候宜君、侍郎尊及与民间治历者，凡二十余人，方士唐都、巴郡落下闳与焉。都分天部，而闳运算转历。其法以律起历，曰：“律容一龠，积八十一寸，则一日之分也。与长相终。律长九寸，百七十一分而终复。三复而得甲子。夫律阴阳九六，爻象所从出也。故黄钟纪元气之谓律。律，法也，莫不取法焉。”与邓平所治同。于是皆观新星度、日月行，更以算推，如闳、平法。法，一月之日二十九日八十一分日之四十三。先藉半日，名曰阳历；不藉，名曰

[1]（东汉）班固．汉书律历志上 [A]// 中华书局编辑部．历代天文律历等志汇编（五）[Z]. 北京：中华书局，1976：1401.

阴历。所谓阳历者，先朔月生；阴历者，朔而后月乃生。平曰："阳历朔皆先旦月生，以朝诸侯王群臣便。"乃诏迁用邓平所造八十一分律历，罢废尤疏远者十七家，复使校历律昏明。宦者淳于陵渠复覆《太初历》晦、朔、弦、望，皆最密，日月如合璧，五星如连珠。陵渠奏状，遂用邓平历，以平为太史丞。[1]

在大典星射姓等人上奏"不能为算"之后，可视为太初改历的后半段。汉武帝在得到"不能为算"的上书后又招募了新的制历者，其中有官方制历者，如邓平，也有民间制历者，如唐都、落下闳，这些制历者将各自的历法与实际天象核验比对，以此选出最准确的历法定为《太初历》。这次历法比验的结果是邓平与落下闳所造的八十一分律历最为准确，其后又通过复验，最终被定为《太初历》。

（二）《太初历》的历元是如何确定的

按《史记·太史公自序》《史记·孝武本纪》《汉书·武帝纪》所述：

五年而当太初元年，十一月甲子朔旦冬至，天历始改，建于明堂，诸神受纪。[2]

其后二岁，十一月甲子朔旦冬至，推历者以本统。天子亲至泰山，以十一月甲子朔旦冬至日祠上帝明堂，每修封禅。[3]

太初元年冬十月，行幸泰山。十一月甲子朔旦，冬至，祀上帝于明堂。[4]

再结合《汉书·律历志》的记载，可知在元封七年十一月之前，大

---

[1]（东汉）班固．汉书律历志上 [A]// 中华书局编辑部．历代天文律历等志汇编（五）[Z]. 北京：中华书局，1976：1401–1402.

[2]（西汉）司马迁．史记 [M]. 北京：中华书局，1965：3296.

[3]（西汉）司马迁．史记 [M]. 北京：中华书局，1965：481.

[4]（东汉）班固．汉书 [M]. 北京：中华书局：1965：199.

中大夫公孙卿、壶遂、太史令司马迁等人就上书说过“历纪坏废，宜改正朔”的事情，而改元更历，需要为新历确定一个起点。本文认为，司马迁等人在提出改历意见之时就已经算出了一个“好日子”——太初元年岁前十一月甲子，它既是冬至，又是朔日，而且日干支为甲子居首，可以说是新历起点的完美选择。因此，汉武帝才会在十一月甲子这天“祀上帝于明堂”，推改新历。在制订新历、确定了新历起点在甲子日之后，司马迁等人更进一步，将《太初历》的历元定为太初元年岁前十一月甲子夜半（0刻），它比十一月甲子更精准，也更完美。接下来探析《太初历》历元确定的具体过程。

新历《太初历》的历元作为历法的起算点，要求冬至时刻与合朔时刻相合，司马迁等人在确定新历历元时自然需要先定出冬至时刻和合朔时刻，并依据这两个时刻来确定历元。需要说明的是，根据笔者的研究，西汉太初改历时既不能以圭表测影定出冬至时刻，也不能用交食验天定出合朔时刻，因此司马迁等人定冬至时刻和合朔时刻都只能依靠历法推算。

推定冬至时刻和合朔时刻时，新历尚未制订，司马迁等人和大典星射姓等人显然无法使用新历。当时他们所用的历法目前未有定论，通常认为，太初改历之前，西汉用《颛顼历》，但其中细节仍需要讨论。因此在讨论推算冬至时刻和合朔时刻问题时，有必要结合考古出土的西汉历谱进行分析。

首先来看冬至时刻的推算。按《开元占经》所载的《颛顼历》（历元在正月甲寅朔旦立春）计算，可得元封七年冬至为癸亥日，气小余为27，与甲子夜半相差$\frac{5}{32}$日（15.625刻）。同时，根据考古出土的《元光元年历谱》[1]，其载有汉武帝元光元年（公元前 134 年）的 4 个节气：十一月二十八日丙戌冬至，正月十五日壬申立春，六月初三戊子夏至，七月二十日甲戌立秋。[2]《太初历》之前，古六历都为四分历，且用平气法，因此计算时按一回归年 365.25 天，相邻节气间隔$15\frac{7}{32}$日计算，则正月十五壬申立春距六月初三戊子夏至共计$136\frac{31}{32}$日，而正月十五壬申至六月初三戊子已有 136 天，所以壬申立春的气小余只能为 0，这样夏至才会是戊子日，且其气小余必为 31。如此一来，因为冬至距立春$45\frac{21}{32}$日，所以元光元年十一月二十八日丙戌冬至的气小余是 11；而元封七年（公元前 104 年）的冬至距元光元年冬至 $30\times365.25=10957.5$ 天，则元封七年冬至为癸亥日，气小余为 27。这和《颛顼历》所推的冬至时刻相同，但与《太初历》所定的冬至时刻甲子夜半（气小余为 0）不符。

接下来分析合朔时刻的推算。《太初历》之前，推算合朔时刻的方法尚没有定论[3]，但如果结合最新出土的胡家草场历简[4]内容，那么汉武帝元光元年至太初元年期间的合朔时刻推算方法当以陈久金和陈美东的“借半日法”推步法[5][6]最为合理。此处需要解释的是，“借半日

[1] 吴九龙．银雀山汉简释文 [M]. 北京：文物出版社，1985.

[2] 张培瑜，陈美东，薄树人，等．中国古代历法 [M]. 北京：中国科学技术出版社，2008，241.

[3] 郭津嵩．出土简牍与秦汉历法复原：学术史的检讨 [J]. 浙江大学艺术与考古研究，2018，1-25.

[4] 蒋鲁敬，李志芳．荆州胡家草場西漢墓 M12 出土的简牍 [J]. 出土文献研究，2019：168-182，4-9.

[5] 陈久金，陈美东．临沂出土汉初古历初探 [J]，中国天文学史文集 [M]. 北京：科学出版社，1978，66-81.

[6] 陈久金，陈美东．从元光历谱及马王堆帛书《五星占》的出土再探颛顼历问题 [J]，中国天文学史文集 [M]. 北京：科学出版社，1978，95-117.

法”推步法是指在推算合朔时刻时加半天。陈久金等人用“借半日法”来命名，但此合朔推步法与邓平所言的“藉半日法”并非一回事，笔者认为陈久金等人提出的合朔推步法更合适的名字应是“加半日”推步法。

用“加半日”推步法推算合朔时刻，公元前366年正月甲寅夜半合朔，距太初元年岁前十一月共计3239个朔望月，按1朔望月$29\frac{499}{940}$天计算，共$3239\times29\frac{499}{940}=95650\frac{401}{940}$天，则太初元年岁前十一月朔日为甲子，小余为401+470=871[1]，以百刻制换算，则太初元年岁前十一月甲子日93刻左右合朔。此合朔时刻与《太初历》历元所定的合朔时刻十一月甲子夜半也不合。

综合来看，以上推冬至和推合朔方法都不能推出《太初历》的历元在十一月甲子夜半，因此，笔者又考虑了其他可能。

在《新唐书·历志》中，有这样的记载：

颛顼历上元甲寅岁正月甲寅晨初合朔立春，七曜皆直艮维之首。[2]

按此说法，《颛顼历》中甲寅元的历元时刻不在夜半，而在晨初。按《新唐书·天文志》说：“据历法，晨初迨日出差二刻半，然则山上所差凡三刻余。”[3]又晨初每日对应的时刻不一样，立春时晨初对应时刻大约24刻，则气小余约为8，以此推算，太初元年岁前十一月甲子冬至的气小余为3。但这还是与《太初历》历元冬至的气小余为0不符，事实上只有当晨初为$\frac{5}{32}\times100=15.625$刻，即《颛顼历》历元的立春气小余

[1] 计算得到小余401，按陈久金和陈美东的“借半日法”推步法，此小余应加上470。

[2]（宋）欧阳修，宋祁．新唐书历志三上[A]//中华书局编辑部．历代天文律历等志汇编（七）[Z]．北京：中华书局，1976，2184.

[3]（宋）欧阳修，宋祁．新唐书天文志一[A]//中华书局编辑部．历代天文律历等志汇编（三）[Z]．北京：中华书局，1976，717.

为 5 时，最后推算的太初元年岁前十一月甲子冬至的气小余才为 0，即甲子夜半冬至。当然，“以晨初为 15.625 刻”这种假设很难找到支撑证据，但这种吻合需要我们思考一个问题：司马迁等人当时推定冬至时刻时，是否有可能恰好推出甲子夜半这个冬至时刻？这个问题目前还难以回答，笔者倾向于认为司马迁等人没有推出冬至时刻恰为甲子夜半，只是较为接近甲子夜半。

若按《颛顼历》的甲寅元晨初约 24 刻合朔推算，颛顼历历元合朔时刻的朔小余为 $\frac{7.68}{32}\times 940=225.6$，最后计算得到太初元年岁前十一月甲子朔日，朔小余为 626.6，换算成百刻制大约为 66.7 刻。而若以晨初为 15.625 刻，推算结果则为岁前十一月甲子朔日 58 刻合朔。目前看来，推算的合朔时刻与《太初历》历元的合朔时刻都相差较大，《太初历》历元的合朔时刻显然不应定在甲子夜半。对此，笔者认为大典星射姓等人应该是根据冬至时刻选择了甲子夜半作为历元，再调整合朔时刻，他们将推算的甲子朔日朔小余消去，使合朔时刻与冬至时刻重合在甲子夜半，这样新历就获得了一个完美无瑕的历元。此外，当时的历法后天是大家所共知的，改历官员们可能也考虑到消去朔小余可以使历法更准确，在这种情况下调整推算合朔时刻无疑是一举两得。

因此，笔者就可以大致还原太初改历前半段的过程：元封七年十一月之前，司马迁等人向汉武帝提议改历，并且为汉武帝提供了一个漂亮的新历起点——十一月甲子朔日冬至，于是汉武帝在十一月甲子这天“祀上帝于明堂”，之后他向其他明于经术的大臣进行问询，最终下诏进行新历的制订工作。在改历时，大典星射姓等人推算出十一月甲子朔日恰为冬至，并且冬至时刻与夜半十分接近，因此甲子夜半正可以作为新历的完美历元。即便推算的合朔时刻有超过半天的偏差，改历官员们还是决定以甲子夜半为历元，应对的方法则是将合朔时刻提前到甲子夜半。定出新历历元之后，改历官员们接着进行实测校验工作，可最后接近完工的时候，突然上书说“不能为算”，下面笔者将对此进行解析。

（三）《太初历》确定历元所产生的困境及解决方案

对于“不能为算”这一问题，薄树人曾有过论断，他认为难以解决的问题是太初元年的太岁纪年年名矛盾。《史记·历书》和《汉书·律历志》中都有太初元年为阏逢摄提格（即甲寅年）的记载[1][2]，但大典星射姓等人却认定“日月在建星，太岁在子”，即太初元年应为丙子年，因此大典星射姓等人“不能为算”的主要原因是不能调和太初元年的太岁纪年年名矛盾。但此种解释有三点疑义：首先，太岁纪年年名的问题和推算不太相关，如果是太岁纪年年名的矛盾不能解决，大典星射姓等人似乎不应说“不能为算”；其次，太岁纪年年名的矛盾虽然明显，但这个矛盾的解决难度还不足以让大典星射姓等人甘认无能，并请皇帝另请高明，因为按薄树人所言，邓平、落下闳对年名矛盾也只是采用含糊敷衍的办法应付[3]；最后，太岁纪年年名的矛盾既然没有实际解决，参与太初改历后半段的侍郎尊、大典星射姓等人会毫无异议？这样看来，“不能为算”之谜的核心难题仍需要进一步探究。

我们知道，新历历元在未确定之前，西汉必然有一部正在行用的历

[1]（东汉）班固．汉书律历志上 [A]// 中华书局编辑部．历代天文律历等志汇编（五）[Z]. 北京：中华书局，1976，1401.

[2]（西汉）司马迁．史记历书 [A]// 中华书局编辑部．历代天文律历等志汇编（一）[Z]. 北京：中华书局，1976，1352.

[3] 张培瑜，陈美东，薄树人，等．中国古代历法 [M]. 北京：中国科学技术出版社，2008，256.

法，司马迁等人可能是根据这部历法推定了新历历元[1]。另一方面，中国自周朝开始就有颁朔、告朔的传统[2]，同时秦至西汉前期，皇朝将颁朔作为一项行政措施来执行，目的是便于行政[3]。因此，太初元年岁前十月西汉应进行过颁历活动[4]，按当时行用历法的推算，其推算的历日排布情况列于表 4–1。这里需要说明的是，结合考古出土的元光元年历谱、胡家草场历简及秦汉历法的状况[5][6]，笔者认为当时行用的历法为四分历，使用十九年七闰规则，并且在合朔时刻推算上采用陈美东和陈久金的“借半日法”推步法。

而在确定新历历元之后，合朔时刻被调整为甲子夜半，提前了 93 刻左右，但此时的历法仍用四分历而非八十一分历，同时置闰周期不变，因此朔望月长度还是 $29\frac{499}{940}$（约 29.53）天。按照新历历元进行推算，其历日排布情况也列于表 4–1[7]。

---

[1] 司马迁等人在确定新历历元时也可能采用了其他历法进行推算，比如司马迁本人的历法（通常认为记载于《史记》中的历数甲子篇是司马迁所创的历法），前文就此问题已进行了相关讨论，但目前学界对此仍没有公认的解释。

[2] 汪小虎 . 中国古代历书的编造与发行 [J]. 新闻与传播研究，2020，27（7）：111–125，128，112.

[3] 陈侃理 . 秦汉的颁朔与改正朔 [J]，中古时代的礼仪、宗教与制度 [M]. 上海：上海古籍出版社，2012，448–469.

[4] 当时西汉仍以十月为岁首，因此按照传统，颁历活动应于岁首十月进行。

[5] 郭津嵩 . 出土简牍与秦汉历法复原：学术史的检讨 [J]，浙江大学艺术与考古研究，2018：1–25.

[6] 李忠林 . 秦至汉初（前 246 至前 104）历法研究——以出土历简为中心 [J]. 中国史研究，2012（2）：17–69.

[7] 对于表 4–1 中的数据，这里给出计算的基本步骤方便大家验算。前文已经给出旧历的合朔时刻计算过程，旧历的太初元年岁前十一月朔小余为 871，即合朔时刻为 871/940*100（刻），约为 93 刻，新历的太初元年岁前十一月朔小余为 0，合朔时刻为 0 刻，此后各月合朔时刻累加朔望月长度 $29\frac{499}{940}$ 天即可。

表 4-1 新历历元确定前后的两种历日安排对照表

太初元年的朔望月	太初改历前使用的历日安排			使用新历历元的历日安排		
	大小月	朔日	合朔时刻（刻）	大小月	朔日	合朔时刻（刻）
岁前十月	小月	乙未	40	大月	甲午	47
岁前十一月	大月	甲子	93	小月	甲子	0
岁前十二月	小月	甲午	46	大月	癸巳	53
正月	大月	癸亥	99	小月	癸亥	6
二月	大月	癸巳	52	大月	壬辰	59
三月	小月	癸亥	5	小月	壬戌	12
四月	大月	壬辰	58	大月	辛卯	65
五月	小月	壬戌	11	小月	辛酉	19
六月	大月	辛卯	64	大月	庚寅	72
七月	小月	辛酉	17	小月	庚申	25
八月	大月	庚寅	70	大月	己丑	78
九月	小月	庚申	24	小月	己未	31

明显看出，太初改历前使用的历日安排[1]中，太初元年的岁前十一月、十二月以及正月分别为大月、小月、大月；而使用新历历元的历日安排中，太初元年的岁前十一月、十二月以及正月分别为小月、大月、小月。[2]此外，上述两种历日安排中，太初元年二月至九月的各月朔日都相差 1 天。这样一来，司马迁等人在确定新历历元之后就面临一个困境：太初元年岁前十月刚刚颁布当年的历日安排，但按照新历历元，全年的历日安排都需要进行改动。如果选择改动，那就说明刚颁布的历日

[1] 表 4-1 中所列太初元年朔望月止于九月，是因为太初改历前颁布的旧历截至太初元年九月，即太初元年岁前十月至太初元年九月，共计十二个朔望月。

[2] 需要说明的是，虽然表 4-1 中列出了新历的太初元年岁前十月的朔日，但我们不必考虑此月，因为此月的历日必然是按照旧历安排的。因此在表 4-2 中我们不再列太初元年岁前十月的情况。

安排有误，这对于治历官员而言是大过错，更严重地讲，这表明汉武帝一直以来未得天授正统；而如果不改动，历法的后天将更加严重，同时改制新历也不能完成。在这样两难的境地下，司马迁等人如何应对呢？《汉书·律历志》中记载："姓等奏不能为算，愿募治历者，更造密度，各自增减，以造汉《太初历》。"[1] 这大概是让大典星射姓出头，言明自己能力不足，新历难以为算，并希望皇帝另请贤人来继续制订新历。由此笔者认为新历在确定新历元时产生的困境才是"不能为算"之谜的关键问题。

在大典星射姓等人提出"不能为算"之后，汉武帝为了继续改历又下令招募贤才解决难题，于是有十八家历法参与第二轮的太初改历，经过比历，最终邓平的历法被定为《太初历》。

在《史记·孝武本纪》和《汉书·武帝纪》中，有以下记载：

（太初元年）夏，汉改历，以正月为岁首，而色上黄，官名更印章以五字。因为太初元年。[2]

（太初元年）夏五月，正历，以正月为岁首。[3]

这表明在太初元年的五月，邓平历已被定为《太初历》。同时，在《汉书·律历志》中，还专门介绍了邓平的"藉半日法"，它将一部历法区分为"阳历"和"阴历"，并且说"阳历朔皆先旦月生，以朝诸侯王群臣便"。令人疑惑的地方在于：邓平为何将历法区分为"阳历"和"阴历"，此举的目的是什么？这可以视为太初改历过程中的第二个疑点，一般称为"藉半日法"之谜。

---

[1]（东汉）班固．汉书律历志上 [A]// 中华书局编辑部．历代天文律历等志汇编（五）[Z]．北京：中华书局，1976，1401.

[2]（西汉）司马迁．史记 [M]．北京：中华书局，1965，483.

[3]（东汉）班固．汉书 [M]．北京：中华书局，1965，199.

关于邓平的“藉半日法”,《汉书·律历志》记载:

先藉半日，名曰阳历；不藉，名曰阴历。所谓阳历者，先朔月生；阴历者，朔而后月乃生。平曰：“阳历朔皆先旦月生，以朝诸侯王群臣便。”[1]

前人在分析“藉半日法”时，首先的争论是“阳历”是后天的历法还是先天的历法。[2] 按邓平所说,“阳历”要先“藉”半日,关键是看“藉”字做何解。但“藉”字本身理解为“加”和“减”都可，因此，只能再看其他对“阳历”的表述。

“阳历”是“先朔月生”，一般来讲，“月生”指新月出现，则“先朔月生”是说在朔日之前新月出现。新月一般出现在初二、初三，因此这是明显的历法后天。同时，“阳历朔皆先旦月生”这句话比较奇怪，因为如果按“月生”为新月出现解释，那么此句就是说在“阳历”的朔日新月先于太阳升起，它本身的含义没有问题，但其后紧接“以朝诸侯王群臣便”，是说方便诸侯王和群臣朝见皇帝。[3] 如此一来，整句话就翻译为“阳历”的朔日这天新月会早于日出，这是为了方便诸侯王和群臣朝见皇帝。但我们知道，新月傍晚在西边出现，这对诸侯王和群臣朝见皇帝来说并没有什么便利。事实上，能为群臣朝见皇帝提供方便的情况是残月在太阳升起前出现在东方，这样凌晨的月光就能够方便群臣更早地出发。如果按这样理解，那么“阳历朔皆先旦月生”的含义就变为

[1]（东汉）班固．汉书律历志上 [A]// 中华书局编辑部．历代天文律历等志汇编（五）[Z]. 北京：中华书局，1976，1401.

[2] 陈美东和陈久金在《从元光历谱及马王堆帛书 < 五星占 > 的出土再探颛顼历问题》中认为“阳历”是一种后天的历法,新月在朔日之前就能看见；而薄树人在《中国古代历法》中则认为“阳历”应是一种先天的历法。

[3]“朝诸侯王群臣”中的“朝”为使动用法，意为使诸侯王群臣朝，此用法也可见《汉书·武帝纪》中的“二年春正月，朝诸侯王于甘泉宫，赐宗室”。

“阳历”的朔日这天，月亮（东方残月）在太阳升起前出现，也即“月生”指月亮出现，而不是特指新月出现。在这种理解下，“阳历朔皆先旦月生”中的“阳历”是一种先天的历法，而“先朔月生”的“阳历”常被认为是一种后天的历法[1]，薄树人即持此种观点[2]。但笔者认为，史料中前后句里的同一个特有名词不太可能含义不同，“先朔月生”的“阳历”实际上也可能是先天的历法。

前面已经提过，“月生”指月亮出现，而不是特指新月出现。那么“先朔月生”中的月亮就可以是东方残月，“先朔月生”就是说残月在朔日前出现。再结合“藉半日法”，即残月会在晦日出现。而实际上残月见于晦前一二日，因此“先朔月生”的“阳历”也是一种先天的历法。这样，“先朔月生”的“阳历”和“阳历朔皆先旦月生”的“阳历”含义一致，都是先天的历法。

通过上述分析，笔者确定邓平的“阳历”是一种先天的历法，那么“藉半日法”的“藉”指的是“减”，实际操作时就是将合朔时刻提前半天。所以，在邓平的“藉半日法”中，“阳历”需要将原本历法的合朔时刻减去半天，“阴历”即原本的历法不变。接下来的问题是邓平特意用“藉半日法”分出“阳历”和“阴历”的目的何在？笔者认为这种做法是为了解决“不能为算”的困境。

先来看邓平的“阳历”和“阴历”，“阴历”显然和太初元年年前十月颁布的历日安排完全一致；而“阳历”将合朔时刻提前半天，会产生一个新的历日安排，将它与“阴历”推算历日安排和新历推算历日安排列于表 4–2。

[1] 认为“先朔月生”的“阳历”是一种后天的历法，“月生”指新月出现。

[2] 张培瑜，陈美东，薄树人，等．中国古代历法 [M]. 北京：中国科学技术出版社，2008，253，257.

表 4-2 "阳历""阴历"和新历推算的三种历日安排对照表

太初元年的朔望月	"阴历"推算历日安排		"阳历"推算历日安排		新历推算历日安排	
	大小月	朔日	大小月	朔日	大小月	朔日
岁前十一月	大月	甲子	小月	甲子	小月	甲子
岁前十二月	小月	甲午	大月	癸巳	大月	癸巳
正月	大月	癸亥	大月	癸亥	小月	癸亥
二月	大月	癸巳	小月	癸巳	大月	壬辰
三月	小月	癸亥	大月	壬戌	小月	壬戌
四月	大月	壬辰	小月	壬辰	大月	辛卯
五月	小月	壬戌	大月	辛酉	小月	辛酉
六月	大月	辛卯	小月	辛卯	大月	庚寅
七月	小月	辛酉	大月	庚申	小月	庚申
八月	大月	庚寅	小月	庚寅	大月	己丑
九月	小月	庚申	大月	己未	小月	己未

我们知道，就颁布的历法而言，表面上只需要关注两个内容，即大小月和朔日。根据上表，"阴历"（旧历）的太初元年岁前十一月、十二月和太初元年正月分别为大月、小月和大月，与新历不同；而朔日只有太初元年岁前十二月相差一日，其余两月相同；从太初元年二月至九月，"阴历"与新历的大小月皆相同，朔日皆差一日。而"阳历"和新历相比，只有太初元年岁前十一月和十二月大小月相同，其后太初元年正月至九月，大小月皆不同；而朔日中，太初元年岁前十一月和十二月的朔日相同，其后太初元年正月至九月，奇数月的朔日相同，偶数月的朔日相差一日。显然，邓平的"阴历"和"阳历"与新历都有差别，细究这些差别，再结合上文对"阴历"和"阳历"的分析，"藉半日法"之谜将有新的解答。

上文提到，太初改历的首批治历者由于新旧历的历日排布冲突而陷入改与不改的两难，这是发起第二轮改历的主要原因，也是第二轮改历必须解决的问题，笔者认为邓平的“藉半日法”正是为此而提。《太初历》在太初元年五月正式颁行，即是说其年五月就要使用新历（即《太初历》）的历日安排。从表 4–2 中可以看到，新历的五月朔日在辛酉，而旧历五月朔日在壬戌，新历较旧历早一日，同时新历与旧历的五月都是小月，因此邓平的首要任务是调和新旧历五月朔日的矛盾，以保证颁行新历顺利。可以看到，在邓平那里，按照“阳历”，五月朔日在辛酉，和新历一致；按照“阴历”，五月朔日在壬戌，和旧历一致。所以在邓平那里，新旧历的朔日都可视为正确，即新旧历都是合理的，这就解决了之前“不能为算”的难题。但邓平也知道，如果严格按照“阳历”，六月朔日会在辛卯，比新历晚一日，并且“阳历”的大小月也与新历不同。对此，笔者猜测邓平的解释策略为首先承认旧历（即“阴历”）正确无误，再通过“阳历”来说明新历的五月朔日也没有错误，那么五月为小月，但其朔日可以有两个，对不精历术的人而言，可自然地推出太初元年六月的朔日也有两个，分别是辛卯和庚寅，并且六月为大月。以此方法类推至太初元年九月，显然新旧历的历日安排都正确无误。因此邓平只需要以“藉半日法”论证五月朔日在辛酉和壬戌皆可，就可以让不精历术的汉武帝等人同时接受新旧历在太初元年的历日安排。但做到这一步还不足够，因为旧历的历日排布到太初元年九月就终止了，邓平显然要让其后的历日按新历安排，所以邓平提出“阳历朔皆先旦月生，以朝诸侯王群臣便”。以此来说明“阳历”更好，因为使用“阳历”便于诸侯王和群臣在朔日朝见皇帝，这实际上就确立了新历在后来历日排布时的优势地位，保证了往后的历日会按照新历排布。

综上，邓平用“藉半日法”分出“阳历”和“阴历”。用“阴历”

说明原先的历日安排没有问题，又用“阳历”说明以新历历元推算的历日安排也没有问题。在此基础上，邓平再用方便群臣朝见的理由强调“阳历”的优越性，保证后来的历日按照新历推算进行排布。因此，《太初历》最终用邓平的八十一分律历，除了“以律起历，合乎法理”和与天密合，“藉半日法”成功解决“不能为算”难题也十分关键。《汉书·律历志》中说“乃诏邓平所造八十一分律历”之前，专门先写“藉半日法”和邓平对“阳历”的说明，也可以间接印证“藉半日法”的重要性。

（四）小结

通过对历元确定和“藉半日法”问题的分析，可以还原出太初改历的过程：在太初元年岁前十一月，汉武帝正式决定改制新历，命卿、遂、迁与侍郎尊、大典星射姓等人负责制订新历。这一批改历者为新历历元寻找了一个完美时刻——十一月甲子夜半。它既不由观测直接确定，也不凭历法推算而定，这个完美历元将推算合朔时刻提前了近一日。尽管新历历元十分理想，但由于调整合朔时刻使得新历与旧历的历日安排不合，因此第一批改历者们陷入了两难的境地——是否更改刚刚颁布的全年[1]历日安排。面对改与不改都不是的困境，最终只好由大典星射姓出头向汉武帝上书“不能为算”，并请汉武帝另寻高明继续改历。之后汉武帝重新召集了一批改历者，其中既有首批的改历官员，也有后加入的官、民两方治历者。按照记载，共有十八家历法相互竞争，最终邓平所造八十一分律历被定为《太初历》。明面上，邓平历获得优胜的理由有二，分别是“以律起历，合乎法理”和“与天密合”。但根据本文，笔者分析认为另有一个重要原因，那就是邓平解决了令首批治历者“不能为算”的难题。邓平以“藉半日法”成功化解了新旧历历日排布不一致的矛盾，

[1] 全年指太初元年岁前十月至太初元年九月。

通过“阳历”和“阴历”使新旧历的历日排布都可被接受，再用一个巧妙的理由让后续的历日可以按照新历进行排布。

《后汉四分历》的历元确定

在东汉天文学家眼中，确定历元是制订历法的关键，正如东汉太史令虞恭等人所言：“建历之本，必先立元，元正然后定日法，法定然后度周天以定分至。三者有程，则历可成也。”[1] 不过一直以来人们都不清楚《后汉四分历》确定历元的过程。与此同时，《后汉四分历》颁行之初有过一次历法争论，讨论历元首月是大月还是小月，初看似乎和新历元的选定有关，其实不然。针对这两个问题，本文先对《后汉四分历》颁行当年的历法争论进行讨论，再尝试探讨《后汉四分历》历元确定过程。

（一）《后汉四分历》历元首月先大先小的争议

历史记载中东汉共行用过两部历法，一部是《太初历》，实际上是王莽新政时按刘歆依《太初历》而改的《三统历》，另一部则是《后汉四分历》，于元和二年颁行，用至东汉亡。按《续汉书·律历志》的记

[1]（晋）司马彪.续汉书律历志中 [A]// 中华书局编辑部.历代天文律历等志汇编（五）[Z].北京：中华书局，1976，1490.

载[1]，东汉改历的准备时间比太初改历更长。早在汉光武帝建武八年（公元32年），太仆朱浮、太中大夫许淑等人就数次上书"历朔不正，宜当改更"，但因为"时分度觉差尚微"（历法后天不明显）和"天下初定未遑考正"（没有闲暇考正历法）两个理由被按下不提。等到汉明帝永平五年（公元62年），待诏杨岑因为预报月食比官历（当时用《三统历》）准确，被任命为推算弦望和月食的官员。汉明帝永平九年（公元66年），太史待诏董萌再次上书"历不正"的问题，但一直到永平十年四月，也没能定出更好的历法取代《三统历》。又过了两年，永平十二年（公元69年）十一月丙子日，汉明帝下诏让张盛和景防代替杨岑做推算弦望和月食的工作，这或许是因为不久前张盛、景防、鲍邺等人以"四分法"和杨岑的推月食法做比较，验天结果是"盛等所中多岑六事"，所以官历转用张盛等人的"四分法"。但在永平十二年，张盛等人的"四分法"所定的历元还不够理想，因此官历还只是使用张盛等人的推弦望、月食术，其他的历法推算仍用《三统历》。这种情况大概维持了16年，到汉章帝元和二年（公元85年），《太初历》（实际指《三统历》）已经后天明显。司天官员们指出《三统历》的两处明显差误，第一处是冬至太阳位置实际在斗二十一度，而非《三统历》所说的牵牛初度，两者相差5度多[2]；第二处是《三统历》气朔皆后天。此时汉章帝也明白《三统历》失天严重，但询问史官，却不能提供更改的办法，这才下诏召集编䜣、李梵等人考校天象，进行正式的改历。编䜣、李梵等人的这次改历只用了很短的时间，汉章帝下令改历应是元和二年的事，而元和二年二

[1]（晋）司马彪．续汉书律历志中[A]//中华书局编辑部．历代天文律历等志汇编（五）[Z]．北京：中华书局，1976，1479–1481.

[2] 斗二十一度与牵牛初度按今天标准看，实际相差6度，史书中说相差5度，是因为当时以某宿某度为一段长度，如此理解，则斗二十一度段与牵牛初度段确实相差5度。

月甲寅就正式颁用《后汉四分历》[1][2]。不难想象，编䜣、李梵等人的新历早已备好，可谓万事俱备，只欠（改历）诏书。

一般而言，《后汉四分历》既已施行，历元和历术等内容自当确定，但翻阅史料发现，在行用《后汉四分历》的当年（元和二年），治历者对历日安排仍有分歧。按《续汉书·律历志》记载：

于是四分施行。而䜣、梵犹以为元首十一月当先大，欲以合耦弦望，命有常日，而十九岁不得七闰，晦朔失实。行之未期，章帝复发圣思，考之经谶，使左中郎将贾逵问治历者卫承、李崇、太尉属梁鲔、司徒掾严勖、太子舍人徐震、钜鹿公乘苏统及䜣、梵等十人。……又上知䜣、梵穴见，来毋拘历已班，天元始起之月当小。定，后年历数遂正。[3]

《后汉四分历》颁行后，编䜣和李梵因天元首月先大，使新历刚刚使用就“晦朔失实”。对于这种“行之未期”的情况，汉章帝只好再召集治历者来商讨对策，最终确定天元首月为小月。记载中说“上知䜣、梵穴见，来毋拘历已班，天元始起之月当小。定，后年历数遂正”。即汉章帝了解到编䜣和李梵见识不足，但没有拘泥于新历已经颁行（颁行新历之后，照理就不应改动），而重新按天元首月为小月安排历日，这样历日排布到元和三年才终于正确。

由此可知，元和二年的历日排布和（现今认为的[4]）《后汉四分历》推算历日排布不同。因此，《三千五百年历日天象》为了使元和二年起历日符合《后汉四分历》推步，将东汉元和元年[5]（公元84年）十一月

[1]（南朝宋）范晔.后汉书[M].北京：中华书局，1965，149.

[2]《后汉书·肃宗孝章帝纪》记载：“二月甲寅，始用四分历”。

[3]（晋）司马彪.续汉书律历志中[A]//中华书局编辑部.历代天文律历等志汇编（五）[Z].北京：中华书局，1976，1481.

[4] 指以天元首月为小月且用平朔法的《后汉四分历》。

[5]《三千五百年历日天象》书中记为建初九年。

和十二月记作小月[1]不合实际。此两月应仍按《三统历》推算，分别为小月和大月。接下来的问题：编䜣和李梵如何安排元和二年的历日？

因为元和二年的历日排布不见于史书，所以笔者尝试从李梵等人排布历日的整体方案入手分析。在《续汉书·律历志》中，有一段专门记载了李梵等人对天元首月先大先小问题的争论，如下：

以为月当先小，据春秋经书朔不书晦者，朔必有明晦，不朔必在其月也。即先大，则一月再朔，后月无朔，是明不可必。梵等以为当先大，无文正验，取欲谐耦十六日［望］[2]，月朓昏，晦当灭而已。又晦与合同时，不得异日。[3]

此段是了解李梵等人历日排布的关键，但不容易理解。[4]这里笔者先对其进行解释：认为天元首月应当先是小月，根据《春秋经》（记录日食）记朔不记晦的方式，记（日食）朔日必定有晦日，不记（日食）朔日则必在当月。如果首月先大，这个月会再有一个朔日，而下个月没有朔日，这样朔日就没有了标准。李梵等人认为天元首月应先大月，但没有书文为此说法验证，这样做不过是为了满足十六日为望，以及（调和）晦日月亮见于西方而本应看不见的情况罢了。而这样晦又和合朔同时（可理解为在同一日），不在不同的日子。

可以看出，以天元首月先小者，用“一月再朔，后月无朔”来反驳

[1] 张培瑜．三千五百年历日天象 [M]．河南：大象出版社，1997，109.

[2] 此“望”为后人据文义添加。

[3]（晋）司马彪．续汉书律历志中 [A]// 中华书局编辑部．历代天文律历等志汇编（五）[Z]．北京：中华书局，1976，1499.

[4] 此段中有两处后人有改动。第一处“朔必有明晦不朔必在其月也”，第二处“是明不可必”；改动后第一处应为“朔必有晦朔不必在其月也”，第二处应为“是朔不可必”。

编䜣和李梵天元首月先大的观点，而此条理由在当时可算是历算常识[1]。依此看以天元首月先大的编䜣和李梵似乎是全然不懂历算，这显然不太可能。再仔细分析“一月再朔，后月无朔”这条理由，其中暗含两个前提条件，分别是认定近距历元为汉文帝后元三年十一月甲子夜半和用平朔法。那么，如果编䜣和李梵认为天元首月先大是合理的，就必须否定这两个前提中的至少一个。

先来看近距历元为汉文帝后元三年十一月甲子夜半这个前提条件。首先，如果编䜣和李梵没有定此近距历元，此历元是后来才改，如此重要的分歧应该被提到过，但史书中未见此节；其次，在当时东汉谶纬盛行的环境中，编䜣和李梵不太可能在此完美历元附近选定一个不那么完美的历元，至于定另一个完美历元也不可能，这样的话，要么争论双方的天元首月所指不同，要么后来重定过历元，但皆不符合史书记载。因此，笔者认为近距历元为汉文帝后元三年十一月甲子夜半是争论双方都承认的一个事实。

再看用平朔法这个前提条件。在传统叙事中，唐初之前的历法都用平朔法。那么，编䜣和李梵有可能不用平朔法吗？对于编䜣和李梵坚持天元首月先大的理由，史书里提过两次：一处说“欲以合耦弦望，命有常日”；另一处说“谐耦十六日望，月朓昏，晦当灭”。这是说编䜣和李梵想要望都定在每月的十六日，并且要解决月朓昏和晦当灭的矛盾。紧跟这两个理由，反对者给出反对的理由，对第一处说“十九岁不得七闰，晦朔失实”，对第二处说“晦与合同时，不得异日”。第一处是说反对者认为若使望都定在每月十六日，会导致十九岁不得七闰。但我们知道，只要历元确定，再用平朔法、平气法，则十九岁必得七闰。因此

[1] 历元在汉文帝后元三年十一月甲子夜半，一朔望月为 $29\frac{499}{940}$ 天，按平朔、平气法，则天元首月必为小月。

如果反对者所说是事实，那么编䜣和李梵必定没有使用平朔法或者平气法。事实上，就算不考虑“十九岁不得七闰”这个说法，仅针对望都在每月的十六日这个要求，历法就不可能同时用平朔法和平气法。第二处是反对者认为编䜣和李梵解决月朓昏和晦当灭矛盾的方法会使晦日和合朔在同一日，而晦、朔应该在不同的日子。那么可以知道，编䜣和李梵解决月朓昏和晦当灭矛盾的方法就是将晦日后移一天，这样月朓昏就变成晦前一日月见西方。从此条也可看出，反对者反驳的前提是用平朔法和平气法。但问题在于，如果编䜣和李梵不用平朔法或平气法，那么反对者所谓的“一月再朔，后月无朔”和“晦与合同时，不得异日”都不成立。

综合上述分析，编䜣和李梵应该没有使用平朔法或者平气法安排历法。再结合东汉当时的天文学情况，在东汉尚未发现太阳运动不均匀性，但已了解月亮运动不均匀性，所以笔者推断编䜣和李梵最初安排历日时用平气法，但未用平朔法。对于这一结论，笔者持谨慎的态度，因为文本解读的差异会影响推理结果，所以有必要寻找更多的证据。

按照传统，元和二年的历谱会在元和元年的年末颁布。当时的元和二年历谱应仍是依《三统历》推算而得，可称为旧历谱。等到《后汉四分历》于元和二年二月甲寅颁行，应该会颁布一个元和二年的新历谱代替旧历谱，但不排除继续沿用旧历谱的可能。按《后汉书·肃宗孝章帝纪》记载：

（元和二年）夏四月乙巳，客星入紫宫。乙卯，车驾还宫。庚辰，假于祖祢，告祠高庙。五月戊申……[1]

（元和）三年……二月壬寅……癸酉，还幸元氏，祠光武、显宗于

[1]（南朝宋）范晔．后汉书[M]．北京：中华书局，1965，103-104.

县舍正堂；明日又祠显宗于始生堂，皆奏乐。三月丙子……[1]

根据史书的书写顺序可知，元和二年四月有庚辰。但不论按《三统历》还是《后汉四分历》推算，庚辰都在五月。按《三统历》，庚辰为五月朔日；按《后汉四分历》，庚辰为五月二日。同时，元和三年二月有甲戌，按《三统历》，二月晦为甲戌；按《后汉四分历》，三月朔为甲戌。附带一提，元和二年夏四月无乙巳，查《续汉书·天文志》，“元和二年四月丁巳，客星晨出东方，在胃八度，长三尺，历阁道入紫宫，留四十日灭”[2]。则夏四月乙巳当为丁巳。为了方便大家校验，笔者先将元和二年（包括前后数月）的《三统历》推算历日和《后汉四分历》推算历日列于表 4–3。

因此，如果《后汉书》的记载无误，那么元和二年的新历谱确实没有按《后汉四分历》推算，也没有继续使用旧历谱。另外，元和三年的历数到三月还没有“遂正”（指按《后汉四分历》推算）。

表 4–3　元和二年的《三统历》和《后汉四分历》推算历日表

元和二年	《三统历》推算历日			《后汉四分历》推算历日		
	大小月	朔日	朔小余（81）	大小月	朔日	朔小余（940）
岁前十一月	小月	癸未	21	大月	壬午	450
岁前十二月	大月	壬子	64	小月	壬子	9
正月	小月	壬午	26	大月	辛巳	508
二月	大月	辛亥	69	小月	辛亥	67
三月	小月	辛巳	31	大月	庚辰	566
四月	大月	庚戌	74	小月	庚戌	125
五月	小月	庚辰	36	大月	己卯	624

[1]（南朝宋）范晔．后汉书 [M]. 北京：中华书局，1965，106–107.

[2]（晋）司马彪．续汉书天文志中 [A]// 中华书局编辑部．历代天文律历等志汇编（一）[Z]. 北京：中华书局，1976，130.

（续表）

元和二年	《三统历》推算历日			《后汉四分历》推算历日		
	大小月	朔日	朔小余（81）	大小月	朔日	朔小余（940）
六月	大月	己酉	79	小月	己酉	183
七月	大月	己卯	41	大月	戊寅	682
八月	小月	己酉	3	小月	戊申	241
九月	大月	戊寅	46	大月	丁丑	740
十月	小月	戊申	8	小月	丁未	299
十一月	大月	丁丑	51	大月	丙子	798
十二月	小月	丁未	13	小月	丙午	357
元和三年正月	大月	丙子	56	大月	乙亥	856
元和三年二月	小月	丙午	18	小月	乙巳	415
元和三年三月	大月	乙亥	61	大月	甲戌	914

这里仔细考察元和二年二月历日的安排情况。因为《后汉四分历》是二月甲寅（初四）颁行的，其月朔日辛亥已经过去，断无再改的道理，所以新历谱的历日改动最快也是在三月。这样一来，若要四月有庚辰，则表现出来的历日安排只有一种可能——二月、三月、四月皆为大月。[1] 这与《三统历》和《后汉四分历》的推算皆不合，更进一步，此历日排布未用平朔法推算。因为对新历谱而言，二月朔日只可能是辛亥或壬子[2]，若为辛亥，则三月连大，不用平朔法；若为壬子，则新历谱二月必为小月，三月、四月连大。按平朔法，二月朔日壬子朔小余需要大于881，相当于将《三统历》的历日再延后一日有余，这会使历元合

[1] 这里需要说明，存在一种可能，即编䜣和李梵的新历谱算出二月朔日为壬子，并且二月为小月，这也可以使四月有庚辰，但对于现实而言，二月朔日辛亥是不会改变的，所以其年表现出来的历日安排必然是二月、三月和四月皆为大月。

[2] 若为癸丑，则表现出的二月将至少有三十一日；若为壬子，则新历谱的二月、三月、四月中必有一个月有三十一日。故皆不可能。

朔在乙丑，并让原本后天的历法更加后天，自然也不可能，所以此情况也不用平朔法。

此外，编䜣和李梵未用平朔法安排历日还有一些间接证据，按《后汉书》记载：

安帝延光二年……衡、兴参案仪注，考往校今，以为九道法最密。诏书下公卿详议。……博士黄广、大行令任佥议，如九道。河南尹祉、太子舍人李泓等四十人议：即用甲寅元，当除元命苞天地开辟获麟中百一十四岁，推闰月六直其日，或朔、晦、弦、望，二十四气宿度不相应者非一。用九道为朔，月有比三大二小，皆疏远。[1]

在汉安帝延光二年（公元123年）的一次历法争论中，有人提到若用九道法安排朔日，朔望月排布会有三个大月相连和两个小月相连的情况发生，它们都（与实际天象）疏远。结合史书中一条关于九道法的记载：

定，后年历数遂正。永元中，复令史官以九道法候弦望，验无有差跌。逵论集状，后之议者，用得折衷，故详录焉。[2]

"永元中，复令史官以九道法候弦望"是《续汉书·律历志中》第一处提到"九道法"的地方，这是说永元（公元89—105年）中期，皇帝下令让史官用九道法预测弦望。既有"复令"，说明此前有用九道法候弦望的做法，并且此句紧接改历事宜的内容，显然关联改历过程的某些事情。又永元四年（公元92年）贾逵论历曾言：

又今史官推合朔、弦、望、月食加时，率多不中，在于不知月行迟

[1]（晋）司马彪．续汉书律历志中 [A]// 中华书局编辑部．历代天文律历等志汇编（五）[Z]. 北京：中华书局，1976，1488.

[2]（晋）司马彪．续汉书律历志中 [A]// 中华书局编辑部．历代天文律历等志汇编（五）[Z]. 北京：中华书局，1976，1481.

疾意。永平中，诏书令故太史待诏张隆以四分法署弦、望、月食加时。……梵、统以史官候注考校，月行当有迟疾，不必在牵牛、东井、娄、角之间，又非所谓朓、侧匿，乃由月所行道有远近出入所生，率一月移故所疾处三度，九岁九道一复，凡九章，百七十一岁，复十一月合朔旦冬至，合春秋、三统九道终数，可以知合朔、弦、望、月食加时。据官法天度为分率，以其术法上考建武以来月食，凡三十八事，差密近，有益，宜课试上。[1]

李梵和苏统曾经根据史官候注提出过一种方法[2]来预测合朔、弦、望、月食加时，用这套方法校验建武（公元25—56年）以来的38次月食很准确，因此贾逵提议试用此法。结合永元中期皇帝下令让史官再用九道法预测弦望，可以推断李梵和苏统所提的方法就是九道法。值得一提的是，此段中提到朓和侧匿并非月行忽快忽慢所致，而是有规律的变化，也就是说月朓昏并非无法预期的特殊天象，只要根据月行迟疾规律安排晦日，就可以避免所谓的月朓昏。

综合以上分析，笔者认为编䜣和李梵确实没有使用平朔法排布新历历日。此外，可以推想当时的情况：在东汉改历的时候，李梵等人就已经知道月行有迟疾，并且采用九道法候弦望，而当编䜣和李梵献上新历的时候，他们大胆地用九道法来安排历日。九道法安排历日可以使望始终在每月的十六日，并且不会再有月朓昏的现象。但这也造成了三个问题，一为天元首月先大[3]，二为十九岁不得七闰，三为晦朔失实。但实际上，前两个问题用平朔的标准去评价九道法（类似定朔）体系并不合

[1]（晋）司马彪．续汉书律历志中[A]// 中华书局编辑部．历代天文律历等志汇编（五）[Z]. 北京：中华书局，1976，1484.

[2] 虽然未提此法的名称，但描述此法时提到了九道。

[3] 需要注意的是，编䜣和李梵不是以天元首月先大来耦合弦望，而是因为用了可以耦合弦望的九道法，才使得天元首月先大。

适。唯有最后一个晦朔失实问题算是切中要害，这大概是保持望在十六日的要求所致。

最后，因为不知道九道法使用的具体数值，所以笔者难以准确还原出元和二年的历谱。但若保证元和二年四月有庚辰，元和三年二月有甲戌，且元和三年的历日排布能符合《后汉四分历》推算，那么元和二年五月到元和三年二月间，必有 4 个大月和 6 个小月，可能的排布情况有 7 种，但具体还难以确定。[1] 笔者将这 7 种可能的排布情况列于表 4–4。

表 4–4　元和二年至三年历谱的可能情况

时间	第一种	第二种	第三种	第四种	第五种	第六种	第七种
	大小月	大小月	大小月	大小月	大小月	大小月	大小月
元和二年五月	小	小	小	小	小	小	小
元和二年六月	小	小	小	小	大	大	大
元和二年七月	大	大	大	大	小	小	小
元和二年八月	小	小	小	小	小	小	大
元和二年九月	小	小	大	大	大	大	小
元和二年十月	大	大	小	小	小	小	小
元和二年十一月	小	小	小	大	小	大	大
元和二年十二月	小	大	大	小	大	小	小
元和三年正月	大	小	小	小	小	小	小
元和三年二月	大	大	大	大	大	大	大

（二）《后汉四分历》历元确定的过程

前文提到，《后汉四分历》的历元是改历时需要较早确定的内容。对此（近距）历元，《续汉书·律历志》有两处记载：

[1] 需要注意的是，历日排布中，应保证元和三年不出现三月连大和两月连小的情况。此外，所有排布中也不应出现四月连大和三月连小的情况。

四分历仲纪之元，起于孝文皇帝后元三年，岁在庚辰。上四十五岁，岁在乙未，则汉兴元年也。又上二百七十五岁，岁在庚申，则孔子获麟。二百七十六万岁，寻之上行，复得庚申。岁岁相承，从下寻上，其执不误。此四分历元明文图谶所著也。[1]

当汉高皇帝受命四十有五岁，阳在上章，阴在执徐，冬十有一月甲子夜半朔旦冬至，日月闰积之数皆自此始，立元正朔，谓之汉历。[2]

据此可以确定，《后汉四分历》以汉文帝后元三年十一月甲子夜半（公元前162年12月25日0时）为近距历元。它同《三统历》的历元一样，要求冬至和十一月合朔相会于同一时刻，同时日名为甲子。不过，对当时的治历者而言，为新历准备的新历元除了要形式上足够完美，还要让已后天的历法变得合天才行。对历元完美这个要求，从结果来看，显然治历者是要求历元在甲子日夜半，同时冬至和合朔时刻相合；而为了使已后天的历法合天，自然要将历元时刻提前。

针对这两点要求，常规且合理的方案有三种。第一种是实测冬至时刻和（十一月）合朔时刻，再根据实测结果微调冬至和合朔时刻，使历元完美；第二种是根据《三统历》推算冬至和合朔，在结果中寻找相近（但不相合）的冬至时刻和合朔时刻，先将两者调整为同一时刻，再将此时刻前移为一个完美时刻；第三种是以《三统历》的历元为基准点，根据十九年七闰原则，直接寻找接近完美时刻的冬至合朔时刻[3]，再将其前移为完美时刻。这三种方案中，前两种都不可能：第一种的问题在于东汉尚不能实测冬至时刻；第二种的问题是若按其方案推算，无法得

[1]（晋）司马彪．续汉书律历志中[A]//中华书局编辑部．历代天文律历等志汇编（五）[Z]. 北京：中华书局，1976，1490.

[2]（晋）司马彪．续汉书律历志中[A]//中华书局编辑部．历代天文律历等志汇编（五）[Z]. 北京：中华书局，1976，1511.

[3] 指冬至时刻和合朔时刻合于同一时刻。

出《后汉四分历》的历元[1]。若用第三种方案，治历者可以根据《三统历》先推算出新历元的备选时刻。备选时刻需要接近且晚于甲子日夜半，比如早于《三统历》历元 57 年的汉文帝后元三年十一月甲子日 75 刻。当然，早于《三统历》历元 114 年的秦始皇二十九年十一月乙丑 50 刻也可作为备选时刻。[2] 事实上，只有甲子日 75 刻、乙丑日 50 刻、丙寅日 25 刻等冬至合朔时刻可被算出作为备选时刻。[3] 最后，治历者需要选择某个时刻调整为甲子夜半，这实际上取决于他们判定当时的《三统历》后天有多少日。

比较《三统历》和《后汉四分历》两部历法的近距历元，按四分法的历法常数计算，易得《后汉四分历》将《三统历》的历元时刻提前了 0.75 日[4]。对此数值，有学者认为是一元（4617 年）之内新旧历的朔望月之差[5]，但此说忽略了元和二年距太初元年只有 188 年的事实。对此数值，笔者认为与当时的交食观测数据有关。

按《续汉书·律历志》所载：

孝章皇帝以保乾图“三百年斗历改宪”，就用四分。以太白复枢甲子为癸亥，引天从算，耦之目前。更以庚申为元，既无明文；托之于获

[1] 第二种方案具有可行性，按《三统历》推算（除去冬至和合朔相合），冬至和合朔最小相差约 1.55 日，选择某一冬至在乙丑或丙寅，先将合朔后移至冬至时刻为冬至合朔时刻，之后再将冬至合朔时刻前移超过 1.55 日，使其变为甲子夜半即可。

[2] 这里直接使用四分法进行计算。

[3] 即这些时刻距离甲子日夜半的日数只能是 0.75 日的整数倍。

[4]《后汉四分历》历元在公元前 162 年，《三统历》历元在公元前 105 年，两者相距 57 年。根据十九年七闰的原则，公元前 162 年和公元前 105 年的冬至和合朔时刻都相合于同一时刻。

[5] 曲安京．东汉到刘宋时期历法上元积年计算 [J]. 天文学报，1991（4）：436-439.

麟之岁，又不与感精符单阏之岁同。[1]

其中明确指出《后汉四分历》“引天从算，耦之目前”，即历法是根据当时天象而定的。而东汉时校验天象以交食为根本，交食才是判断《三统历》合天与否的关键。另外，东汉初期，史官们曾数次以月食验历，李梵和苏统还用史官的观测记录来推测弦望和月食加时，可知东汉对交食的记录必然包含交食时刻。因此，东汉史官可以通过比较实际交食时刻与《三统历》推算交食时刻来推断历法的后天程度。笔者接下来分析这种方法可能得到的结果。

通过现代天文学来回推，从建武元年（公元 25 年）到元和二年（公元 85 年），洛阳可见月食 74 次[2]，可见日食 23 次。但史书说建武至永远四年只有 38 次月食记录，同时日食记录只有 18 次。笔者对洛阳可见的 74 次月食和史书中记载的 18 次日食进行误差分析，先以《三统历》推算出交食时刻，再通过 Skymap11.0 获得理论交食食甚时刻（地点选定为汉魏洛阳故城遗址，东经 112° 37′ 42″，北纬 34° 43′ 41″），最后计算差值。现将日食误差表和月食误差表分列于表 4–5 和表 4–6。[3]

表 4–5　25AD–85AD 史书所记日食的食甚时刻误差表

时间	理论食甚时刻（日）	《三统历》推算食甚时刻（日）	推算食甚时刻与理论食甚时刻之差（日）
26-02-06	0.70	0.79	0.09
27-07-22	0.34	1.35	1.01

[1]（晋）司马彪．续汉书律历志中 [A]// 中华书局编辑部．历代天文律历等志汇编（五）[Z]. 北京：中华书局，1976，1489–1490.

[2] 其中半影月食只有 1 次，食分为 0.82。

[3] 考虑到东汉的漏刻计时精度和月食食甚时刻的观测误差，笔者认为以交食食甚时刻得到的理论合朔时刻可能会有 0.02 日（即 2 刻，约 28.8 分钟）的误差。但此误差不会影响后续分析的结论。

（续表）

时间	理论食甚时刻(日)	《三统历》推算食甚时刻（日）	推算食甚时刻与理论食甚时刻之差（日）
30–11–14	0.28	1.11	0.83
31–05–10	0.37	1.30	0.93
40–04–30	0.20	1.22	1.02
41–04–19	0.57	1.59	1.02
46–07–22	0.36	1.10	0.74
49–05–20	0.75	1.68	0.93
53–03–09	0.37	0.63	0.26
55–07–13	0.35	1.02	0.67
56–12–25	0.53	1.58	1.05
60–10–13	0.62	1.53	0.91
65–12–16	0.41	1.51	1.10
70–09–23	0.35	1.83	1.48
73–07–23	0.76	1.41	0.65
75–12–26	0.52	1.33	0.81
80–03–10	0.69	0.94	0.25
81–08–23	0.31	1.49	1.18
平均误差			0.83

表 4–6　25AD–85AD 洛阳可见月食的食甚时刻误差表

时间	理论食甚时刻（日）	《三统历》推算食甚时刻（日）	推算食甚时刻与理论食甚时刻之差（日）
25–08–27	0.78	1.37	0.59
26–08–17	0.24	0.74	0.50
28–01–01	0.26	0.77	0.51
28–06–25	0.83	1.95	1.12
28–12–20	0.83	1.14	0.31

（续表）

时间	理论食甚时刻（日）	《三统历》推算食甚时刻（日）	推算食甚时刻与理论食甚时刻之差（日）
29–06–15	0.15	1.32	1.17
29–12–10	0.14	0.51	0.37
30–06–04	0.74	1.69	0.95
31–04–26	0.16	0.53	0.37
32–04–14	0.70	0.90	0.20
32–10–07	0.86	2.09	1.23
33–04–03	0.94	1.27	0.33
35–08–08	0.13	0.67	0.54
36–02–01	0.00	0.85	0.85
36–07–27	0.23	1.04	0.81
37–01–20	0.66	1.22	0.56
37–07–16	0.26	1.41	1.15
38–06–06	0.11	1.25	1.14
38–11–30	0.95	1.43	0.48
39–05–26	0.76	1.62	0.86
39–11–19	0.93	1.80	0.87
40–11–07	0.96	2.17	1.21
42–03–25	0.76	1.20	0.44
43–03–14	0.77	1.57	0.80
43–09–08	0.11	0.75	0.64
44–03–02	0.93	1.94	1.01
46–01–11	0.63	1.15	0.52
46–07–07	0.11	1.33	1.22
47–01–01	0.19	0.52	0.33
48–06–15	0.05	1.07	1.02

（续表）

时间	理论食甚时刻（日）	《三统历》推算食甚时刻（日）	推算食甚时刻与理论食甚时刻之差（日）
49–10–29	0.80	2.10	1.30
50–04–26	0.00	0.28	0.28
50–10–19	0.21	1.47	1.26
51–04–15	0.22	0.65	0.43
51–10–08	0.84	1.84	1.00
53–02–21	0.83	1.86	1.03
54–02–11	0.35	1.23	0.88
55–02–01	0.02	0.60	0.58
56–12–11	0.30	0.81	0.51
57–06–06	0.07	1.00	0.93
57–11–30	0.27	1.19	0.92
58–05–26	0.78	1.37	0.59
58–11–19	0.31	1.56	1.25
60–04–05	0.05	0.58	0.53
60–09–28	0.82	1.77	0.95
61–03–25	0.06	0.95	0.89
62–03–14	0.24	1.32	1.08
62–09–07	0.87	1.51	0.64
64–01–22	0.99	1.53	0.54
65–07–06	0.74	2.09	1.35
65–12–31	0.83	1.27	0.44
67–05–17	0.78	1.30	0.52
67–11–10	0.15	1.48	1.33
68–05–06	0.30	0.67	0.37
69–10–19	0.20	1.22	1.02

（续表）

时间	理论食甚时刻（日）	《三统历》推算食甚时刻（日）	推算食甚时刻与理论食甚时刻之差（日）
71-03-05	0.15	1.25	1.10
71-08-29	0.74	1.43	0.69
72-02-22	0.70	1.62	0.92
72-08-17	0.80	1.80	1.00
73-02-11	0.37	0.99	0.62
73-08-06	0.83	2.17	1.34
74-12-22	0.64	1.20	0.56
75-12-11	0.61	1.57	0.96
76-06-06	0.09	0.75	0.66
76-11-29	0.66	1.94	1.28
78-04-16	0.33	0.96	0.63
78-10-10	0.17	1.15	0.98
79-04-05	0.35	1.33	0.98
79-09-29	0.79	1.52	0.73
80-09-18	0.19	0.89	0.70
82-02-02	0.35	0.91	0.56
83-01-22	0.90	1.28	0.38
83-07-18	0.05	1.47	1.42
84-01-12	0.17	0.65	0.48
平均误差			0.79

从表 4-5 可知，公元 25—85 年记录的 18 次日食理论食甚时刻平均比《三统历》早 0.83 天。虽然不能确定当时 38 次月食记录的后天情况，但通过表 4-6 的数据可以计算出，当时所记录的 38 次月食最少后天 0.52 日，最多后天 1.07 日。按照前文分析，李梵等人确定历元需要

判断《三统历》后天多少日，并且此数值只能是 0.75 的整数倍，所以无论是根据日食，还是月食误差，李梵等人都只会认定《三统历》后天为 0.75 日。

不过据“候者皆知冬至之日日在斗二十一度，未至牵牛五度，而以为牵牛中星，后天四分日之三，晦朔弦望差天一日，宿差五度”[1] 这条记载，可以理解为当时《三统历》的冬至后天 0.75 日，晦朔弦望后天 1 日。按此分析，李梵等人大概是通过交食判定出《三统历》的朔望后天 1 日左右，但为了获得完美历元，最终定历元时还是按《三统历》后天 0.75 日选定了汉文帝后元三年十一月甲子夜半。同时因为东汉无法通过测量获得冬至时刻，所以在说《三统历》冬至的后天时，只能按新历元的推算结果而定。因此，李梵等人定新历元的关键依据是合朔后天程度而非冬至后天程度，冬至时刻只是应历元要求随合朔时刻调整。

不过，李梵等人确定新历元的具体步骤顺序还有另一种可能。即先以交食定出《三统历》的合朔后天程度，比如后天 1 日，之后直接将《三统历》历元前移 1 日，接着按四分法计算、寻找完美历元，容易算得汉文帝后元三年十月晦日癸亥 75 刻是冬至合朔时刻，将其调整为十一月甲子夜半成为新历元。以上两种先后顺序都可以得到符合历史记载的结果，但李梵等人的选择尚难定论。

综上，对李梵等人确定《后汉四分历》历元的过程做一简述。李梵等人为了确定新历历元，大概是先依据《三统历》历元和十九年七闰原则，在与太初元年相隔 19 年整数倍的年份里寻找接近甲子夜半的冬至合朔时刻，又《三统历》后天，所以寻找的冬至合朔时刻必须接近且晚于甲子夜半。按四分法的历法常数计算，甲子日 75 刻、乙丑日 50 刻

[1]（晋）司马彪．续汉书律历志中 [A]// 中华书局编辑部．历代天文律历等志汇编（五）[Z]. 北京：中华书局，1976，1480.

和丙寅日 25 刻都是可能合适的冬至合朔时刻。与此同时，李梵等人通过东汉的交食时刻记录大概判断出《三统历》后天 1 日左右。两相结合，李梵等人最终认定《三统历》后天 0.75 日，定新历元为汉文帝后元三年十一月甲子夜半。

（三）小结

东汉治历者们确定新历历元的情况与西汉的太初改历有所不同。根据研究，太初改历时的首批治历者在确定新历历元时，之所以选择元封七年十一月朔日甲子夜半的一个重要原因是旧历推算的冬至时刻与元封七年十一月朔日甲子夜半十分接近。[1] 可以说，当时治历者在考虑实际历日排布的同时，先根据推算冬至时刻拟定了一个完美时刻，再将合朔时刻提前使两者相合成为历元，而这样的主要原因是当时未能通过实测数据了解较准确的冬至时刻和合朔时刻。所以，《太初历》的历元所定冬至时刻依旧后天约 1.17 日 [2]（此时旧历冬至只后天约 1 日），所定合朔时刻平均后天约 0.33 日 [3]。

等到东汉改历，治历者在选定历元时明显的改变是充分利用当时的交食观测数据，根据交食数据较准确地判断了当时历法的后天程度。所以，最终确定历元是以合朔时刻为基准，调整冬至时刻与之相合。明显

[1] 肖尧．试论太初改历中的历元确定与藉半日法问题 [J]. 中国科技史杂志，2022，43（1）：77−88.

[2] 根据现代天文方法的回推（选取地点汉长安城遗址东经 108° 52′ 7″，北纬 34° 17′ 48″），太初元年岁前冬至发生在西安地方时公元前 105 年 12 月 23 日 19 时 49 分。按《太初历》推，太初元年岁前十一月冬至在公元前 105 年 12 月 25 日 0 时。

[3] 这个值是太初元年岁前十一月之后六年里推算合朔时刻与理论合朔时刻误差的均值。之所以用均值来说明后天程度，是因为汉代历法仍用平朔，即便历元准确，每个月的合朔时刻仍会有误差。

地，东汉的治历者也不知晓较准确的冬至时刻，所以按《后汉四分历》历元推算的元和二年冬至时刻后天仍约 1.73 日[1]（此时旧历冬至已后天约 2.48 日），而合朔时刻平均后天 0.15 日[2]。

所以，西汉和东汉改历时的历元确定，都依赖当时行用历法的推算结果。不同点在于，西汉太初改历时治历者只知道历法后天，但不能很准确地判断后天程度，因此《太初历》的历元实际上是先根据历法推算结果选出一个完美历元，再调整冬至时刻和合朔时刻相合于完美历元时刻；而东汉改历时治历者已根据交食数据知晓旧历的后天程度，因此《后汉四分历》的历元是以合朔后天日数为依据挑选的完美历元。换言之，《后汉四分历》的历元确定较《太初历》最大的不同是有交食时刻实测数据作为参考，这就保证了新历合朔推算的合天。虽然《后汉四分历》历元所定合朔时刻平均后天日数只比《太初历》少 0.18 日，但应看到，《太初历》历元使合朔平均后天 0.33 日更多是偶然，《后汉四分历》历元使当时的合朔合天则是必然。

与此同时，对交食观测的重视加深了东汉天文学家对月行不均匀性的认识，并尝试对其进行“常态化”的解释。当时的天文学家试图用九道法来预测弦望晦朔，这引发了一件十分重要但未被注意的事情：治历者用九道法推算了元和二年的历日排布。可惜的是，这次尝试并未成功，九道法推算的历日只使用了一年，到元和三年就又恢复成了传统的平朔注历。不过，尽管九道法注历未成，但月行不均匀问题已成为东汉天文

[1] 根据现代天文方法回推（选取地点汉魏洛阳故城遗址东经 112° 37′ 42″，北纬 34° 43′ 41″），元和二年冬至实际发生在洛阳地方时公元 85 年 12 月 22 日 18 时 28 分。按《后汉四分历》推，元和二年冬至在十一月廿日乙未，气小余 470，即公元 85 年 12 月 24 日 12 时。

[2] 这个值是元和二年十一月之后 6 年里的推算合朔时刻与理论合朔时刻误差的均值。

学家关心的前沿问题——如何准确预测交食（当时主要针对月食）和晦朔弦望一直被讨论。正是在这种对月行不均匀性问题的讨论中，后来的刘洪才有可能将他所制的月离表纳入天文历法计算，并使定朔成为后世历法的主流。

第五章　“以测推天”的汉代天文学

经过汉代天文学的发展，将天文观测作为历法制订的基础和准绳成为一种“规范”。这种规范体现了汉代天文学对实测的重视，在这种重视下，汉代建立了全面、系统的天文观测体系。通过对天空的细致观测，天文学家得以（在浑天说的宇宙结构中）采用详尽的实测数据来制订历法。而在历法完成之后，往往还会有以天象核验历法的环节，以此来保证历法的准确性。毫无疑问，汉代的天文观测既是制历的基础，又是验历的准绳。天文观测对于汉代天文学有着最为重要的地位，如果对汉代天文学进行本质性的概括，笔者认为“以测推天”会是一个合适的表述。

本章将根据历史记载对“以测推天”传统的建立过程进行梳理，同时讨论这种传统背后所蕴含的意义，以此来重新认识和理解汉代天文学。

“观天造历”和“依天验历”传统的建立

自汉高祖刘邦建立汉王朝起，一直用秦《颛顼历》，但其行用日久，渐渐不准。之后司马迁等人上书改历之事，汉武帝准，先定元封七年为太初元年，且以太初元年岁前冬至朔旦为历元，后至太初元年夏天，正式进行改历测算，最终以邓平八十一分历为《太初历》。在《太初历》行用的第二十七年，发生过一次历法校验活动，结果《太初历》最为合天，因此继续行用《太初历》。到西汉末期，刘歆改《太初历》为《三统历》，随后《三统历》在王莽新政时被当作官方历法颁行。东汉元和二年（公元85 年）之前，官行历法都是《三统历》。东汉初期，人们已发现《三统历》的改历之声不断，元和二年官方改行新历《后汉四分历》。其后几十年间《后汉四分历》一直处于不断补充、完善的状态。等到东汉末年，《后汉四分历》失天严重，但东汉官方已无力进行新的历法改革，尽管刘洪在《后汉四分历》的基础上又加创造，制订出“后世推步之师表”的《乾象历》，但未能正式颁行。

纵观汉代天文学的发展，历法改革（或争论）可以作为一条叙事明线帮助厘清“以测推天”传统的建立过程。在汉代天文学发展中，以两次历法改革最为关键：一次是西汉的太初改历，另一次是东汉的后汉四分改历，两次改历的成果都最大程度地展现了当时的天文学水平。某种意义上，可以说中国古代天文学的发展建立于历法改革之上。[1] 而对于改制新历，所依据的基础其实有两项，一是旧历参数，二是实测数据，

[1] 按照库恩《科学革命的结构》里的理论，可以说中国古代天文学的常态科学研究最集中地体现在历法改革中。

两者共同影响新历的内容。[1] 不过，在太初改历之前，并没有专门为制订新历进行大规模集中观测的记载，因此，组织大规模集中实测为新历提供数据支持的做法是太初改历的一项（有史可证的）创举。按《汉书·律历志》记载：

遂诏卿、遂、迁与侍郎尊、大典星射姓等议造汉历。乃定东西，立晷仪，下漏刻，以追二十八宿相距于四方，举终以定朔晦分至，躔离弦望。乃以前历上元泰初四千六百一十七岁，至于元封七年，复得阏逢摄提格之岁，中冬十一月甲子朔旦冬至，日月在建星，太岁在子，已得太初本星度新正。[2]

太初改历是在改历之初开始系统的天文观测，并依照实测结果进行新历的制订。这种做法实际为后世改历提供了一种范本，那就是改历之前必须进行系统的天文实测。东汉进一步发展了这种模式，官方天文机构常年进行特定项目 [3] 的天文测量和特殊天象的观察记录，并用这些实测数据来改造历法。对于这一模式，我们可以称为“观天造历”，天文学家在制订历法时依照天文实测的数据进行设计和调整，力求制订出准确、合天的历法。不过严格来看，汉代的“造历”只有太初改历较为典型，其后的历法改革更多是在原先历法的框架下进行修正。因此，相比于“造历”，汉代更多进行的是“验历”。

经过太初改历，基本的历法框架确定了下来，但对于《太初历》的争议仍在继续。《汉书·律历志》记载：

乃诏迁用邓平所造八十一分律历，罢废尤疏远者十七家，复使校历

[1] 关于两者在制订新历时的互动，本书第四章已有讨论。

[2]（东汉）班固．汉书律历志上 [A]// 中华书局编辑部．历代天文律历等志汇编（五）[Z]. 北京：中华书局，1976，1401.

[3] 如冬至日的太阳所在宿度、表影长度等。

律昏明。宦者淳于陵渠复覆太初历晦、朔、弦、望，皆最密，日月如合璧，五星如连珠。陵渠奏状，遂用邓平历，以平为太史丞。

后二十七年，元凤三年，太史令张寿王上书言："历者天地之大纪，上帝所为。传黄帝调律历，汉元年以来用之。今阴阳不调，宜更历之过也。"诏下主历使者鲜于妄人诘问，寿王不服。妄人请与治历大司农中丞麻光等二十余人杂候日、月、晦、朔、弦、望、八节、二十四气，钧校诸历用状。奏可。诏与丞相、御史、大将军、右将军史各一人杂候上林清台，课诸历疏密，凡十一家。以元凤三年十一月朔旦冬至，尽五年十二月，各有第。寿王课疏远。案汉元年不用黄帝调历，寿王非汉历，朔天道，非所宜言，大不敬。有诏勿劾。复候，尽六年。太初历第一，即墨徐万且、长安徐禹治太初历亦第一。寿王及待诏李信治黄帝调历，课皆疏阔。[1]

从上文可以看到，太初改历最终确定了邓平历，最后一步是观天复验邓平历法的准确度，待确认邓平历法最优后，才行用邓平八十一分历。等到《太初历》行用 27 年时——元凤三年（公元前 77 年），太史令张寿王认为《太初历》的行用使得阴阳不调，当时主管历法的鲜于妄人受命对其责问，但张寿王不服，于是鲜于妄人奏请皇帝以天文观测（日、月、晦、朔、弦、望、八节、二十四气）校验诸历，皇帝准奏。在这次依天验历中，有十一家历法参与比验，前两年的验历结束，已经知道十一家历法疏密不同，其中张寿王的历法疏远，之后又经过一年的校验，认定《太初历》是十一家历法中最为密近的历法，因此继续行用《太初历》。后来史官对此附论："故历本之验在于天，自汉历初起，尽元凤六年，

[1]（西汉）班固．汉书律历志上 [A]. 中华书局编辑部．历代天文律历等志汇编（五）[Z]. 北京：中华书局，1976. 1401-1404.

三十六岁，而是非坚定。”[1]

等到东汉建武八年，新朝官员提议改历，虽然在东汉四分改历时没有进行大规模的集中观测，但东汉的官方天文机构实际已经在进行规制化的天文观测。这就使得后来李梵等人可以“以史官候注考校”[2]月行，从而准确地知道月行有迟疾。按《续汉书·律历志》记载，从建武元年（公元 25 年）至永元十四年（公元 102 年），其间就有数次“验历”之举：

自太初元年始用三统历，施行百有余年，历稍后天，朔先于历，朔或在晦，月或朔见。考其行，日有退无进，月有进无退。……至永平五年……诏书令岑普候，与官历课。起七月，尽十一月，弦望凡五，官历皆失，岑皆中。庚寅，诏书令岑署弦望月食官，复令待诏张盛、景防、鲍邺等以《四分法》与岑课。岁余，盛等所中多岑六事。十二年十一月丙子，诏书令盛、防代岑署弦望月食加时。《四分》之术，始颇施行。是时盛、防等未能分明历元，综校分度，故但用其弦望而已。

先是，九年，太史待诏董萌上言历不正，事下三公、太常知历者杂议，讫十年四月，无能分明据者。至元和二年……章帝知其谬错，以问史官，虽知不合，而不能易，故召治历编欣、李梵等综校其状。……于是四分施行。而䜣、梵犹以为元首十一月当先大，欲以合耦弦望，命有常日，而十九岁不得七闰，晦朔失实。行之未期，章帝复发圣思，考之经谶，使左中郎将贾逵问治历者卫承、李崇、太尉属梁鲔、司徒掾严勖、太子舍人徐震、钜鹿公乘苏统及䜣、梵等十人。……又上知䜣、梵穴见，来毋拘历已班，天元始起之月当小。定，后年历数遂正。永元中，复令

[1]（西汉）班固．汉书律历志上 [A]// 中华书局编辑部．历代天文律历等志汇编（五）[Z]. 北京：中华书局，1976，1404.

[2]（晋）司马彪．续汉书律历志中 [A]// 中华书局编辑部．历代天文律历等志汇编（五）[Z]. 北京：中华书局，1976，1484.

史官以《九道法》候弦望，验无有差跌。……

逵论曰：“……元和二年八月，诏书曰‘石不可离’，令两候，上得算多者。太史令玄等候元和二年至永元元年，五岁中课日行及冬至斗二十一度四分一，合古历建星《考灵曜》日所起，其星闲距度皆如石氏故事。他术以为冬至日在牵牛初者，自此遂黜也。”

逵论曰：“以太初历考汉元尽太初元年日食二十三事,其十七得朔，四得晦，二得二日；新历七得朔，十四得晦，二得二日。以太初历考太初元年尽更始二年二十四事，十得晦；以新历十六得朔，七得二日，一得晦。以太初历考建武元年尽永元元年二十三事，五得朔，十八得晦；以新历十七得朔，三得晦，三得二日。又以新历上考《春秋》中有日朔者二十四事，失不中者二十三事。……太初历不能下通于今，新历不能上得汉元。一家历法必在三百年之闲。故谶文曰‘三百年斗历改宪’。汉兴，当用太初而不改，下至太初元年百二岁乃改。故其前有先晦一日合朔，下至成、哀，以二日为朔，故合朔多在晦，此其明效也。”[1]

逵论曰：“又今史官推合朔、弦、望、月食加时，率多不中，在于不知月行迟疾意。永平中，诏书令故太史待诏张隆以《四分法》署弦、望、月食加时。隆言能用《易》九、六、七、八爻知月行多少。今案隆所署多失。臣使隆逆推前手所署，不应，或异日，不中天乃益远，至十余度。梵、统以史官候注考校，月行当有迟疾……率一月移故所疾处三度，九岁九道一复，凡九章，百七十一岁，复十一月合朔旦冬至……可以知合朔、弦、望、月食加时。据官注天度为分率，以其术法上考建武以来月食凡三十八事，差密近，有益，宜课试上。”

案史官旧有《九道术》,废而不修。熹平中,故治历郎梁国宗整上《九

[1]（晋）司马彪．续汉书律历志中 [A]// 中华书局编辑部．历代天文律历等志汇编（五）[Z]. 北京：中华书局，1976，1479-1482.

道术》,诏书下太史,以参旧术,相应。部太子舍人冯恂课校,恂亦复作《九道术》,增损其分,与整术并校,差为近。太史令飏上以恂术参弦、望。然而加时犹复先后天,远则十余度。[1]

永元十四年,待诏太史霍融上言:"官漏刻率九日增减一刻,不与天相应,或时差至二刻半,不如夏历密。"诏书下太常,令史官与融以仪校天,课度远近。……今官漏以计率分昏明,九日增减一刻,违失其实,至为疏数以耦法。太史待诏霍融上言,不与天相应。太常史官运仪下水,官漏失天者至三刻。以晷景为刻,少所违失,密近有验。今下晷景漏刻四十八箭,立成斧官府当用者,计吏到,班予四十八箭。"文多,故魁取二十四气日所在,并黄道去极、晷景、漏刻、昏明中星刻于下。[2]

首先在永平五年(公元62年),待诏杨岑提出新的弦望推算法,其与官历在永平五年的七月至十一月进行实测弦望的校验,结果是杨岑法更准,因此官方马上用杨岑法进行弦望和月食推算。大约过了五年,张盛等人提出新的推弦望月食法,其与杨岑法在一年多时间里又进行实测校验,结果张盛等人的"四分法"以"多中六事"胜出,官方很快就在永平十二年十一月使用"四分法"推算弦望、月食,但当时的"四分法"只有推弦望、月食比较准,因此历法推算中也只使用"四分法"推弦望、月食。

到元和二年(公元85年)二月,《后汉四分历》正式行用,不过在《后汉四分历》后,关于它的校验工作仍在继续。元和二年八月,皇帝下诏以实测冬至点位置为准,后来太史令等人实测了元和二年至永元元年五

[1](晋)司马彪.续汉书律历志中[A]// 中华书局编辑部.历代天文律历等志汇编(五)[Z].北京:中华书局,1976,1484.

[2](晋)司马彪.续汉书律历志中[A]// 中华书局编辑部.历代天文律历等志汇编(五)[Z].北京:中华书局,1976.1486-1487.

年间的冬至时位置，最终确认冬至点位置在斗 21 度，并且二十八宿距度同《石氏星经》一致。

永元四年(公元 92 年)[1]，贾逵论历时又以日食比较《太初历》和《后汉四分历》，最后认定《后汉四分历》合当时天象。这里有一处细节值得注意，当时贾逵说李梵等人“率一月移故所疾处三度，九岁九道一复”的“九道法”密近合天，应该对其进行校验施用。但记载至此即止。在此段之前有这样一句记载“永元中，复令史官以《九道法》候弦望，验无有差跌”[2]，这里的《九道法》应该就是李梵等人提的“九道法”，可见在贾逵的建议之后，李梵等人的“九道法”确实有被校验过，并且结果是“无有差跌”，但最后此“九道法”却没有被施用。等到熹平年间，“九道术”[3]又被重提，于是梁国的治历郎宗整献上一部《九道术》，与李梵等人的“九道法”基本一致。其后太子舍人冯恂将宗整《九道术》和自己修改的《九道术》一同复校，结果以冯恂《九道术》为优，但当时以冯恂《九道术》推弦望，月亮位置仍有较大的偏差，最多可达十余度。

到永元十四年(公元 102 年)，东汉又进行了一次较大规模的校验观测。这次实测校验的主要内容是昼夜漏刻、晷景、太阳去极度和昏旦中星，而它的起因是待诏太史霍融认为官历所用的昼夜漏刻“不与天相应”。在实测校验之后，官方随即采用“密近有验”的霍融漏刻法进行计时。

由此可见，《后汉四分历》虽然施行，但其内容在一段时间里仍有改动，直到永元年间，改历才算正式完成。所以《续汉书·律历志》有记：

昔太初历之兴也，发谋于元封，启定于元凤，积三十年，是非乃审。及用《四分》，亦于建武，施于元和，讫于永元，七十余年，然后仪式备立，

[1] 陈美东．中国科学技术史·天文学卷[M]．北京：科学出版社，2003，179.

[2]（晋）司马彪．续汉书律历志中[A]//中华书局编辑部．历代天文律历等志汇编（五）[Z]．北京：中华书局，1976，1481.

[3] 此“九道术”应即曾经李梵等人所提的“九道法”。

司候有准。天事幽微，若此其难也。[1]

自元和二年到永元十四年，《后汉四分历》的内容已然完备，但东汉关于历法的争论却并未停止。按《续汉书·律历志》记载：

中兴以来，图谶漏泄，而《考灵曜》《命历序》皆有甲寅元。其所起在四分庚申元后百一十四岁，朔差却二日。学士修之于草泽，信向以为得正。及太初历以后天为疾，而修之者云"百四十四岁而太岁超一辰，百七十一岁当弃朔余六十三，中余千一百九十七，乃可常行"。自太初元年至永平十一年，百七十一，当去分而不去，故令益有疏阔。此二家常挟其术，庶几施行，每有讼者，百寮会议，群儒骋思，论之有方，益于多闻识之，故详录焉。[2]

在汉安帝延光二年（公元123年）、汉顺帝汉安二年（公元143年）、汉灵帝熹平四年（公元175年），发生过三次大的历法论议活动，并且在最后一次历法争论时，（熹平三年）还进行了一次大规模、全方位的天文实测。

首先在汉安帝延光二年，《后汉四分历》已经施行38年，前一辈改历官员大多下位，新任官员中不满新历者再起"改历之议"。"中谒者亶诵言当用甲寅元，河南梁丰言当复用《太初》"。这是说中谒者亶诵认为《后汉四分历》所用庚申元不合谶纬，其虽然比《太初历》密近，但历元不正，应改庚申元为甲寅元；而河南梁丰则以"孝章改《四分》，灾异卒甚，未有善应"为由，认为应恢复"攘夷廓境，享国久长"[3]的《太

[1]（晋）司马彪．续汉书律历志中[A]//中华书局编辑部．历代天文律历等志汇编（五）[Z]. 北京：中华书局，1976，1487.

[2]（晋）司马彪．续汉书律历志中[A]//中华书局编辑部．历代天文律历等志汇编（五）[Z]. 北京：中华书局，1976，1487–1488.

[3]（晋）司马彪．续汉书律历志中[A]//中华书局编辑部．历代天文律历等志汇编（五）[Z]. 北京：中华书局，1976，1488.

初历》。针对这两家说辞，群臣反应不一，其中尚书郎张衡和周兴认为《后汉四分历》不宜改，但之前没有施用的李梵等人的“九道法”最为合天，应该行用，博士黄广、大行令任佥等人附议；“（太尉）恺等八十四人议，宜从《太初》”；侍中施延等人同意中谒者亶诵“用甲寅元”的意见，以为“《太初》过天，日一度，弦望失正，月以晦见西方，食不与天相应；元和改从《四分》，《四分》虽密于《太初》，复不正，皆不可用。甲寅元与天相应，合图谶，可施行”；而河南尹祉、太子舍人李泓等四十人认为：“用《九道》为朔，月有比三大二小，皆疏远。元和变历，以应《保乾图》‘三百岁斗历改宪’之文。《四分历》本起图谶，最得其正，不宜易。”总结一下，对“用何历”问题有三家观点：恢复《太初历》；既不用《太初历》，也不用《后汉四分历》，重新改历，变庚申元为甲寅元；继续行用《后汉四分历》。而在继续行用《后汉四分历》这一派中，又分两种观点：用“九道法”和不用“九道法”。

这次历法争论的最终结果见《续汉书·律历志》。

尚书令忠上奏：“诸从《太初》者，皆无他效验……前以为《九道》密近，今议者以为有阙，及甲寅元复多违失，皆未可取正。昔仲尼顺假马之名，以崇君之义。况天之历数，不可任疑从虚，以非易是。”上纳其言，遂寝改历事。[1]

也就是说《后汉四分历》一切如前，未加改动。其中“九道法”虽然密近，但却不能实际使用它进行历日安排，因为它会导致“三月连大两月连小”的情况，这在过去是不能接受的。大约到唐代改平朔法为定朔法时，这种情况才成为正常现象。所以李梵等人的“九道法”，虽然校验“无有差跌”，但最终没有被用于历日安排。张衡等人提议施用“九

[1]（晋）司马彪．续汉书律历志中[A]//中华书局编辑部．历代天文律历等志汇编（五）[Z]. 北京：中华书局，1976，1488−1489.

道法”未被采纳也主要是这个原因。一直到熹平年间，太史令飏上也只是用冯恂《九道术》参弦望，而非以《九道术》来定朔日。

接下来在汉顺帝汉安二年，尚书侍郎边韶再起历论。这次历法争论要比汉安帝延光二年的争论“专业”许多，延光二年的历法争论中，争论的重点是合天与谶纬以何为准，而在汉安二年的这次争论中，重点在两部历法谁更合天。《续汉书·律历志》记载：

顺帝汉安二年，尚书侍郎边韶上言：“世微于数亏，道盛于得常。数亏则物衰，得常则国昌。孝武皇帝摅发圣思，因元封七年十一月甲子朔旦冬至，乃诏太史令司马迁、治历邓平等更建《太初》，改元易朔，行夏之正，《干凿度》八十一分之四十三为日法。设清台之候，验六异，课效粗密，《太初》为最。其后刘歆研机极深，验之《春秋》，参以《易》道，以《河图帝览嬉》《雒书干曜度》推广九道，百七十一岁进退六十三分，百四十四岁一超次，与天相应，少有阙谬。从太初至永平十一年，百七十一岁，进退余分六十三，治历者不知处之。推得十二度弦望不效，挟废术者得窜其说。至元和二年，小终之数寖过，余分稍增，月不用晦朔而先见。孝章皇帝以《保乾图》‘三百年斗历改宪’，就用《四分》。以太白复枢甲子为癸亥，引天从算，耦之目前。更以庚申为元，既无明文；托之于获麟之岁，又不与《感精符》单阏之岁同。史官相代，因成习疑，少能钩深致远；案弦望足以知之。”[1]

其中说《三统历》“百七十一岁进退六十三分，百四十四岁一超次，与天相应，少有阙谬”，又言《后汉四分历》“更以庚申为元，既无明文；托之于获麟之岁，又不与《感精符》单阏之岁同”。最重要的是“史官相代，因成习疑，少能钩深致远”，最后尚书侍郎边韶说通过测验弦望

[1]（晋）司马彪．续汉书律历志中 [A]// 中华书局编辑部．历代天文律历等志汇编（五）[Z]. 北京：中华书局，1976，1489–1490.

可以知道去六十三分法“少有阙谬”。这里有一点需要注意，刘歆“以《河图帝览嬉》《雒书干曜度》推广九道”，此“九道”应该是李梵等人“九道法”的前身，也就是说，刘歆已经用“九道”来解释甚至是推算月行疾迟。

对于尚书侍郎边韶的上书，皇帝“诏书下三公、百官杂议”，之后太史令虞恭、治历宗欣等人上言：

“建历之本，必先立元……虽言《九道》去课进退，恐不足以补其阙。且课历之法，晦朔变弦，以月食天验，昭著莫大焉。今以去六十三分之法为历，验章和元年以来日变二十事，案《五行志》，章和元年讫汉安二年日变二十三事，《古今注》又长一。月食二十八事，与《四分历》更失，定课相除，《四分》尚得多，而又便近。孝章皇帝历度审正，图仪晷漏，与天相应，不可复尚。……自古及今，圣帝明王，莫不取言于羲和、常占之官，定精微于晷仪，正众疑，秘藏中书，改行《四分》之原。及光武皇帝数下诏书，草创其端，孝明皇帝课校其实，孝章皇帝宣行其法。君更三圣，年历数十，信而征之，举而行之。其元则上统开辟，其数则复古《四分》。宜如甲寅诏书故事。”[1]

这次依天验历，关键在“以月食天验，昭著莫大焉”，其将去六十三分法与《后汉四分历》进行交食比验，最后“定课相除，《四分》尚得多，而又便近”，因此皇帝最后仍认定行用《后汉四分历》。

最后一次熹平四年的历法争论，已经不如前两次那么激烈。当时的五官郎中冯光、沛相上计掾陈晃认为“历元不正，当用甲寅元”，而熹平三年刚进行过一次天文实测[2]，冯光和陈晃之说完全无法合天，最后

[1]（晋）司马彪．续汉书律历志中 [A]// 中华书局编辑部．历代天文律历等志汇编（五）[Z]. 北京：中华书局，1976，1490-1491.

[2] 陈美东．中国科学技术史·天文学卷 [M]. 北京：科学出版社，2003，211.

议郎蔡邕说：

“光、晃区区信用所学，亦妄虚无造欺语之愆。至于改朔易元，往者寿王之术已课不效，亶诵之议不用，元和诏书文备义著，非群臣议者所能变易。”[1]

在熹平四年这一次历法争论中，依天验历的准则可以说已经深入人心，因此冯光和陈晃之说很快就遭到了否定。除了历法争论之外，历法之中的推月食术在东汉也有过几次争论，其取用的基本准则也是合天者为用。《续汉书·律历志》中关于推月食术的争论有一段颇为精彩的记载：

诏书下太常：“其详案注记，平议术之要，效验虚实。”……恂术改易旧法，诚术中复减损，论其长短，无以相逾。各引书纬自证，文无义要，取追天而已。……以是言之，则术不差不改，不验不用。天道精微，度数难定，术法多端，历纪非一，未验无以知其是，未差无以知其失。失然后改之，是然后用之，此谓允执其中。今诚术未有差错之谬，恂术未有独中之异，以无验改未失，是以检将来为是者也。[2]

其中一句“文无义要，取追天而已”，言明历法准确与否就是看历法合天与否，即历法的准确要看是否符合观测。经过东汉的数次历法争论，“依天验历”已然成为一种传统，后世天文学家也都遵循这一传统进行历法校验。

事实上，在历法改革或争论中的“观天造历”和“依天验历”，其核心都是通过实际观测来保证历法合天。从这个方面说，汉代天文学的根本可以归结为“以测推天”——通过观察来制订历法，从而展现天的运行规律。

[1]（晋）司马彪．续汉书律历志中 [A]// 中华书局编辑部．历代天文律历等志汇编（五）[Z]. 北京：中华书局，1976，1494.

[2]（晋）司马彪．续汉书律历志中 [A]// 中华书局编辑部．历代天文律历等志汇编（五）[Z]. 北京：中华书局，1976，1495–1496.

汉代天文学的实验传统

在诸多自然科学门类中，天文学大概是最“科学”的学科。这种认知被许多科学史家所接纳，尽管他们的初衷并不相同。D. 普赖斯在《巴比伦以来的科学》(*Science since Babylon*) 第一章中提出：在一切有限的领域中，最高度发达、公认最现代而又最源远流长的科学领域是数理天文学。经由伽利略和开普勒的工作、牛顿的引力理论，从这一主流直接通向了爱因斯坦和古往今来一切数学物理学家的劳动成果。相比之下，现代科学的所有其他部分似乎都是衍生的或后续的；它们要么是直接从天文学的数学和逻辑解释的大获成功中得到启发，要么是后来发展出来，也许是从相邻学科中获得了这种启发。[1]

应当承认，在科学史学科发展的早期，辉格史的科学史是学界的主流。在乔治•萨顿那里，盖伦的医学算不上科学史的研究内容，同样地，诸如地心说、燃素说这样的理论也难登科学史之堂。因此，研究古代科学在当时并不十分合法，所以普赖斯 (Derek John de Solla Price) 认为，“科学史工作者作为历史学家的最大困难可能在于学到对一些似乎

[1] (美) D. 普赖斯 . 巴比伦以来的科学 [M]. 任元彪译 . 石家庄：河北科学技术出版社，2002，7-8. 此处译文笔者根据《文明的滴定》(张卜天译) 中的翻译进行了改动。

有理的错误观念给予适当和必要的同情。”[1] 自然地，非西方文明的古代科学更不会受到当时科学史家的重视。这种状况并没有持续很久，在学界不断考察近代以来的现代科学发展时，溯源变得越来越重要，人们渴望了解现代科学从何而来、为何而来？公认现代科学是有条不紊地从科学革命的全盛时期发展而来的。[2] 那么，在它出现之前，哪些事件与其诞生最为相关呢？不少科学史家给出的答案是古希腊的数理天文学。[3] 显然，古希腊数理天文学在科学史中有着极高的地位，许多时候它被认定为现代科学的直接起源。这种认定通常伴随一种观点：古希腊数理天文学的特殊性造就了现代科学，因此异于古希腊天文学的其他文明天文学(或者说科学)无法诞生现代科学。这就抛出了两个值得思考的问题：一是古希腊天文学的特殊性在多大程度上和现代科学相关？二是古希腊天文学与其他古代文明的天文学有何不同？

[1]（美）D. 普赖斯. 巴比伦以来的科学 [M]. 任元彪译. 石家庄：河北科学技术出版社. 2002，206.

[2]（美）D. 普赖斯. 巴比伦以来的科学 [M]. 任元彪译. 石家庄：河北科学技术出版社. 2002，6.

[3] 应该指出随着研究的深入，近代之前有关科学的新认识越来越多，比如中世纪的科学并非一片“黑暗”，阿拉伯科学家对于科学革命的贡献也绝不仅是翻译科学典籍。有鉴于此，科学史家开始反思先前构建的科学发展脉络，并重新思考科学史的研究目标。就天文学史而言，近 30 年来，天文学史家们已经扩大了天文学史的研究范畴，正如米歇尔·霍金斯（Michael Hoskin）所说：“今天的天文学史家知道，他们的任务，不是去给以往天文学家中那些观点与现代同行相吻合的人授勋，而是要将他们的读者带上一段激动人心的旅程。这段旅程将引导读者前往从概念上来说有异国情调的地方——到过去的文明中，寻求对天文意义的理解，问经常与我们今天习以为常的方式很不相同的问题，问题的答案，按照我们今天的思维方式也是怪异的。历史学家邀请读者同他们一起进入奇异的概念中探险，而将关于自然和天文学目的的现代假设置之脑后，还要将许多现代天文学知识暂置于‘靠边等待’的位置。”（见《剑桥插图天文学史》前言部分）

如果将目光聚焦于中国古代天文学，上述两个问题可以变成：中国古代天文学与现代科学有何关联性？中国古代天文学与古希腊天文学有何不同？

要回答这两个问题，有必要先澄清一些内容。首先，应当承认现代科学与古代科学存在明确的区分界限，二者的性质并不相同，正如李约瑟在《文明的滴定》（*The Grand Titration*）中所言："我们必须界定古代和中世纪的科学与现代科学之间的区别。我在两者之间做了一项重要区分。当我们说现代科学只在文艺复兴晚期的伽利略时代发展于西欧时，是指只有在彼时彼地才发展出了现如今自然科学的基本结构，也就是把数学假说应用于自然，充分认识和运用实验方法，区分第一性质和第二性质、空间的几何化，接受实在的机械论模型。……在西方，才华横溢的发明天才达·芬奇仍然生活在这个原始的世界中；而伽利略则突破了他的藩篱。"[1] 所以，现代科学诞生的最大贡献者是那个时代的伽利略等人，而非创造希腊奇迹的先贤们。其次，对现代科学的核心属性进行认定。不应否认，随着现代科学的发展，其内在属性变得更加复杂，尤其受到 20 世纪后发展起来的量子力学、神经科学和计算机科学的影响[2]，但我们依旧可以指出，现代科学的核心属性是数理逻辑和实验这两点。不过这种说法并不是基于历史关联性[3]的判断，而是从古今科学性质比较的角度出发的。最后，这里对中国古代天文学与现代天文学关联性的讨论更多在哲学层面上。[4] 这并不意味着历史维度的讨论不重

[1]（英）李约瑟．文明的滴定 [M]．张卜天译．北京：商务印书馆．2016，5.

[2] 这里提到三门学科在不同程度上破坏了现代科学的早期形象，量子力学的不确定性、神经科学的有机整体性、计算机科学的结构逻辑。

[3] 指两个历史事件之间存在切实的联系。

[4] 当然，这种关联性讨论的基础仍是历史的。

要，恰恰相反，对关联性在历史维度的考察十分重要。但这是一项非常宏大和困难的任务，面对已经建立的天文学发展的叙事结构，修改和重建都需要大量的历史研究作为支撑。

回到中国古代天文学与现代天文学的关联性以及中国古代天文学与古希腊天文学的差异这两个问题，它们很多时候会被放在一起讨论。比如江晓原在《天学真原》里认为，中国古代天文学无论就性质，还是就功能而论，都与现代意义上的天文学迥然不同。[1] 同时强调古希腊天文学的特殊性，试图表明其与现代天文学的承接关系。但只要是对古代天文学史有所了解的人，就不难发现他论证过程的错漏之处，简言之，以天文学是否脱胎于星占学活动作为区分古希腊天文学与其他古文明天文学的标准是不合适的。而吴国盛在《什么是科学》中的观点则是古希腊天文学和中国天文学各自的学科性质不同，前者是科学，后者是礼学。他将古希腊天文学和中国天文学的不同目的作为判别标准，提出中国（古代）天文学本质上是天空博物学、星象解码学、政治占星术和日常伦理学。[2] 但这是相当危险的做法[3]。所以孙小淳说："诚然，中国古代天文学有占星的目的，也有为政治服务的目的。但是不是带有这些非'纯粹科学'目的学问都不是'科学'呢？那可以肯定，古希腊也没有天文学，现代也没有天文学。"[4] 显见的事实是，《至大论》认为天文学（即那时

[1] 江晓原 . 天学真原 [M]. 上海：上海交通大学出版社 . 2018.

[2] 吴国盛 . 什么是科学 [M]. 广州：广东人民出版社 . 2016，21–106.

[3] 这有两方面的危险，一种危险在刘钝的《中国古算是一门自成体系的成熟学科》一文中有提到，原文是"我不明白国盛为何要在自序中强调'单称陈述经过归纳并不能确凿可靠地推导出全称陈述'"。在我看来这是一个考虑宏观问题的历史学家难以逾越的关卡，而书中的一些强命题恰恰是以全称陈述表达的。另一种危险则见后面孙小淳的观点。

[4] 孙小淳 . 我们宁可认为中国古代有科学 [N]. 中华读书报 . 2016–11–16.

候的数学）是帮助神学前进的最好的科学，同时将改变人的本性，使之达到某种神性之美的精神状态。[1] 因此，发现天界运行规律并非托勒密研究天文学的终极目标，抵达神性之美的状态才是他的最终理想。所以，以中国古代天文学追求的终极目标来否定其科学属性也是不合理的。

基于上述讨论，笔者尝试对关联与差异这两个问题提出一种新解法，即中国古代天文学的实验传统，或者说自汉代建立起的天文学实验传统。我们知道，现代（自然）科学的典范是天文学而非数学，原因是相比于数学，天文学不仅使用逻辑演绎，而且要求观测（实验）。在这个意义上，天文学包含的要素与现代（自然）科学的要素相一致，因此天文学被视为现代（自然）科学的古代典范。相较于古希腊天文学，汉代天文学有着更为强烈的实验传统 [2]，而这种实验传统既体现了汉代天文学与现代天文学的关联性，又展示了与古希腊天文学的差异性。

就关联性而言，类似于古希腊天文学与现代天文学在逻辑演绎方面的映照，汉代天文学与现代天文学在系统实验方面亦有呼应 [3]。前文的研究已经表明，汉代天文学建立了一套成熟的系统观测体系，天文学家通过系统观测来确保观测的全面和精确，再以之推求可靠的历法。典型的例子是《三统历》五星动态表的数值就已经取多次观测结果的平均值，与之相比，《至大论》中讨论火星运动时，只采用三次火星冲的观测数

[1] PTOLEMY F, TOOMER G. J.. Ptolemy’s Almagest[M]. Princeton University Press, 1998.

[2] 对于天文学而言，天文观测可视为一种（破坏性）实验。

[3] 这并不是说古希腊天文学没有实验，或者汉代天文学没有演绎。事实上，古希腊天文学和汉代天文学都可以作为现代天文学的古代典范，只是二者各自强调的方面不一样。

据确定出一个偏心匀速点。[1] 可见古希腊天文学对观测数据并不重视，观测（实验）对天文学的作用更多是提供一个推演的基础，而非严格验证的目标。所以，《至大论》诞生之后的十几个世纪里，欧洲人使用的各项天文数据与现实有越来越大的偏差，典型的例子是回归年长度一直保持 365.25 天，导致到 16 世纪时历日差误 [2] 达到 10 余天，所以 1582 年儒略历的 10 月 4 日后一天调成了格里高利历的 10 月 15 日。

关于差异性，如果着眼于观测与理论，那么可以说古希腊天文学家更强调数学推理的严密，而汉代天文学家则重视天文观测的周全。史料中有记："昔者圣人之作历也，观琁玑之运，三光之行，道之发敛，景之长短，斗纲所建，青龙所躔，参伍以变，错综其数，而制术焉。"[3] 在汉代天文学家眼中，历术乃定法，但定法难求，因此在追求定法的过程中必须以观测为准绳。相较于执信天上完美无缺的古希腊天文学家，汉代天文学家对于难以切实接触的天上事物抱着谨慎的态度。在他们的宇宙论构想中，纯粹理念上的推演并不可靠，因此他们并不执着于构建某种完美的理念天界。在这个意义上，李约瑟所谓的"在对宇宙及其历史的思考上，中国人往往比欧洲人更具大胆的想象力"[4]，恐怕更多是因为中国人并不将其视为一件可严肃论证的事情。

不过，笔者所提的汉代天文学的实验传统，或者说系统观测体系，以前学者的关注很少，这大概有两方面的原因：一方面，在传统的天文

[1] 这种确定偏心匀速点的方法有一个缺陷，那就是若取多次火星冲观测数据进行推算，会计算出多个偏心匀速点。可以想象，一旦如此，古希腊天文学家只会解释为观测存在误差，而非承认有多个偏心匀速点。

[2] 可以理解为历法春分日与实际春分日的误差。

[3]（东汉）班固．续汉书律历志下 [A]// 中华书局编辑部．历代天文律历等志汇编（五）[Z]. 北京：中华书局，1976，1509.

[4]（英）李约瑟．文明的滴定 [M]. 张卜天译．北京：商务印书馆．2016，34.

学史研究中，观测相较于理论所受的关注要少；另一方面，极少的史料增加了我们了解汉代天文观测情况的难度。因此，尽管中国古人精于观测的形象如此鲜明，传统的史学叙事中从来不会将其与古希腊的宇宙数理模型相提并论，然而，在观测实践史更被重视的今天，我们有可能重新审视中国古代的天文观测实践。

根据本书的研究可以知道，汉代天文学家在相当长的时间里坚持系统地观测和记录天空，并在历法改革和争论的过程中建立了一套信赖观测的天文学系统。相比于古希腊天文学家基于完美永恒天界（理念）构造的本轮—均轮宇宙模型，汉代天文学家更相信能够展示天人变化的实见天象，为此他们建立起系统的天文观测体系来探索整个天空。在这套观测体系中，包含了对象、模型、仪器、方法、制度等方面的内容，可以看到：观测的常规对象是日、月、五星和恒星，同时非常规的流星、超新星等也会被观测和记录；在东汉已经确实采用浑天说的宇宙模型来划分天区和定位天体，与之相伴的是入宿度和去极度的概念；使用圭表和浑仪作为最主要的观测仪器进行全天候观测，并且改进漏刻用以计时；对于复杂运动的天体通过多次测量取均值的方法描绘其运动状况；由官方进行统筹，设天文台与专职人员进行观测、记录和治历。毫无疑问，这些内容构成了汉代天文学的观测系统，汉代天文学家对其不断完善使之成为后世天文观测的范式。就观测对象而言，所定恒星数量不断增加，对日、月、五星的运动描述更加精准；宇宙模型方面，浑天盖天之争一直持续到唐代一行的天问大地测量；观测仪器上，从张衡起，历代天文学家对仪器不断改进创造，其中元代郭守敬最为突出；观测方法上，对应于仪器的改进，相关观测方法也在变化，比如对准系统；观测制度上，历代对于天文台司掌内容和人员安排均有调整。

汉代为何要建立这样一套全面完整的天文观测体系？因为汉代天文

学家相信观测（实验）。正因为此，直到清代中西天文学相较高下时还是要以观测来评断优劣。所以，汉代天文学建立系统天文观测体系的基础是其（观测）实验的传统。由此说来，中国古代天文学和古希腊天文学都可以称为现代科学的典范，因为它们都包含逻辑推演和实验两个要素。但两者不同的求知信念使它们“开出了不一样的花”，中国古代天文学的观测实验传统和古希腊天文学的逻辑演绎传统，都对各自的天文学体系造成了深刻的影响。某种意义上，现代科学是务虚与求实两种路径完美结合的结果。或许，这份历史答案可以加深我们对正在经历转变的现代科学的理解。

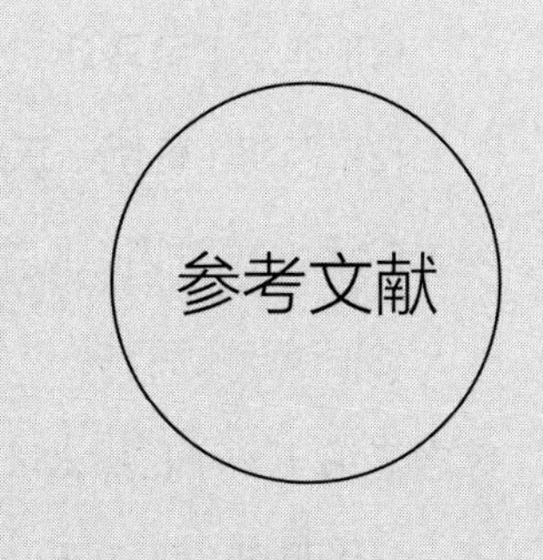

参考文献

[1][西汉] 司马迁 . 史记 [M]. 北京：中华书局，1965.

[2][西汉] 班固 . 汉书天文志 [A]// 中华书局编辑部 . 历代天文律历等志汇编（一）[Z]. 北京：中华书局，1976.

[3][西汉] 司马迁 . 史记历书 [A// 中华书局编辑部 . 历代天文律历等志汇编（一）[Z]. 北京：中华书局，1976.

[4][西汉] 司马迁 . 史记天官书 [A]// 中华书局编辑部 . 历代天文律历等志汇编（一）[Z]. 北京：中华书局，1976.

[5][西汉] 班固 . 汉书律历志上 [A]// 中华书局编辑部 . 历代天文律历等志汇编（五）[Z]. 北京：中华书局，1976.

[6][西汉] 班固 . 汉书律历志下 [A]// 中华书局编辑部 . 历代天文律历等志汇编（五）[Z]. 北京：中华书局，1976.

[7][东汉] 班固 . 汉书 [M]. 北京：中华书局，1965.

[8][东汉] 荀悦 . 汉纪 [M]. 北京：中华书局，2002.

[9][汉] 王充，黄晖 . 论衡校释 · 说日篇 [M]. 北京：中华书局，1990.

[10][汉] 郑玄，贾公彦 . 周礼注疏•春官宗伯 [A]//（清）阮元校刻 . 十三经注疏 [Z]. 北京：中华书局，2009.

[11][晋] 郭璞,（宋）邢昺疏 . 尔雅注疏•释天 [A]//（清）阮元校刻 . 十三经注疏 [Z]. 北京：中华书局，2009.

[12][晋] 司马彪 . 续汉书律历志下 [A]// 中华书局编辑部 . 历代天文

律历等志汇编（五）[Z]. 北京：中华书局，1976.

[13][晋] 司马彪 . 续汉书律历志中 [A]// 中华书局编辑部 . 历代天文律历等志汇编（五）[Z]. 北京：中华书局，1976.

[14][南朝宋] 范晔 . 后汉书 [M]. 北京：中华书局，1965.

[15][南朝梁] 沈约 . 宋书律历志下 [A]// 中华书局编辑部 . 历代天文律历等志汇编（六）[Z]. 北京：中华书局，1976.

[16][唐] 房玄龄 . 晋书 [M]. 北京：中华书局，1965.

[17][唐 ）李淳风 . 晋书天文志上 [A]// 中华书局编辑部 . 历代天文律历等志汇编（一）[Z]. 北京：中华书局，1975.

[18][唐] 房玄龄 . 晋书律历志中 [A]// 中华书局编辑部 . 历代天文律历等志汇编（五）[Z]. 北京：中华书局，1976.

[19][唐] 瞿昙悉达 . 开元占经 [M]. 北京：九州出版社，2012.

[20][唐] 魏征 . 隋书天文志上 [A]// 中华书局编辑部 . 历代天文律历等志汇编（二）[Z]. 北京：中华书局，1976.

[21][唐] 魏征 . 隋书天文志中 [A]// 中华书局编辑部 . 历代天文律历等志汇编（二）[Z]. 北京：中华书局，1976.

[22][宋] 程大昌 . 演繁露 [A// 乾隆御修 . 景印文渊阁四库全书第八五二册 [Z]. 台北：台湾商务印书馆，1986.

[23][宋] 欧阳修，宋祁 . 新唐书历志三上 [A]// 中华书局编辑部 . 历代天文律历等志汇编（七）[Z]. 北京：中华书局，1976.

[24][宋] 欧阳修，宋祁 . 新唐书天文志一 [A]// 中华书局编辑部 . 历代天文律历等志汇编（三）[Z]. 北京：中华书局，1976.

[25][清] 李锐 . 李氏遗书 [M]. 上海：上海醉六堂，1890.

[26][清] 孙星衍，周天游 . 汉官六种 [M]，北京：中华书局，1990.

[27]白玉林．后汉书解读 [M]. 北京：华龄出版社，2008.

[28]薄树人．试探三统历和太初历的不同点 [J]. 自然科学史研究，1983，2（2）：133–138.

[29]薄树人．从刘歆的数字神秘主义谈起[A]// 薄树人文集[C]. 合肥：中国科学技术大学出版社，2003，70–76.

[30]薄树人．中国古代的恒星观测 [A]// 薄树人文集 [C]. 合肥：中国科学技术大学出版社，2003，197–212.

[31]薄树人．中国古代在天体测量方面的成就 [A]// 薄树人文集 [C]. 合肥：中国科学技术大学出版社，2003，262–267.

[32]薄树人．《太初历》和《三统历》[A]// 薄树人文集 [C]. 合肥：中国科学技术大学出版社，2003，329—368.

[33]薄树人．试论司马迁的天文学思想 [A]// 薄树人文集 [C]. 合肥：中国科学技术大学出版社，2003，510–518.

[34]薄树人．近年来天文学史界有关张衡的若干争论 [A]// 薄树人文集 [C]. 合肥：中国科学技术大学出版社，2003，519–524.

[35]薄树人．张衡 [A]// 薄树人文集 [C]. 合肥：中国科学技术大学出版社，2003，525–538.

[36]曾宪通．秦汉时制刍议 [J]. 中山大学学报（社会科学版），1992（4）：106–113.

[37]陈久金．从马王堆帛书《五星占》的出土试探我国古代的岁星纪年问题 [J]. 中国天文学史文集 [M]. 北京：科学出版社，1978，48–65.

[38]陈久金，陈美东．临沂出土汉初古历初探 [J]// 中国天文学史文集 [M]. 北京：科学出版社，1978，66–81.

[39]陈久金，陈美东．从元光历谱及马王堆帛书《五星占》的出土

再探颛顼历问题 [J]. 中国天文学史文集 [M]. 北京：科学出版社，1978. 95–117.

[40]陈久金 . 中国古代日食时刻记录的换算和精度分析 [J]. 自然科学史研究，1983，2（4）：303–315.

[41]陈久金，卢央，刘尧汉 . 彝族天文学史 [M]. 昆明：云南人民出版社，1984.

[42]陈久金 .《史记》“天官书”和“历书”新注释例 [J]. 自然科学史研究，1987，6（1）：32–41.

[43]陈侃理 . 秦汉的颁朔与改正朔 [J]// 中古时代的礼仪、宗教与制度 [M]. 上海：上海古籍出版社，2012. 448–469.

[44]陈美东 . 论我国古代冬至时刻的测定及郭守敬等人的贡献 [J]. 自然科学史研究，1983，2（1）：51–60.

[45]陈美东 . 观测实践与我国古代历法的演进 [J]. 历史研究，1983（4）：85–98.

[46]陈美东 . 张衡《浑天仪注》新探 [J]. 社会科学战线，1984（3）：157–159.

[47]陈美东 . 刘洪的生平、天文学成就和思想 [J]. 自然科学史研究，1986，5（2）：129–142.

[48]陈美东 . 中国古代太阳视赤纬计算法 [J]. 自然科学史研究，1987，6（3）：213–223.

[49]陈美东，李东生 . 中国古代昼夜漏刻长度的计算法 [J]. 自然科学史研究，1990，9（1）：47–61.

[50]陈美东 . 陈卓星官的历史嬗变 [A]// 科技史文集（16）[C]. 上海：上海科学技术出版社，1992. 87–88.

[51]陈美东 . 古历新探 [M]. 沈阳：辽宁教育出版社，1995.

[52]陈美东．月令、阴阳家与天文历法 [J]. 中国文化，1995（2）：185–195.

[53]陈美东．中国科学技术史・天文学卷 [M]. 北京：科学出版社，2003.

[54]陈美东．中国古代的漏箭制度 [J]. 广西民族学院学报（自然科学版），2006，12（4）：6–10，23.

[55]陈梦家．汉简年历表叙 [J]. 考古学报，1965（2）：103–149，176–177.

[56]陈垣．二十史朔闰表 [M]. 北京：中华书局，1962.

[57]陈遵妫．中国天文学史 [M]. 上海：上海人民出版社，2016.

[58]戴晋新．班固的史学史论述与史学史意识 [J]. 史学史研究，2012（1）：16–24.

[59]邓可卉，袁敏．古代中西黄赤交角测量和计算中几个问题的比较 [J]. 内蒙古师大学报（自然汉文版），2007，36（2）：240–243.

[60]邓可卉．东汉空间天球概念及其晷漏表等的天文学意义——兼与托勒玫《至大论》中相关内容比较 [J]. 中国科技史杂志,2010,31(2)：196–206.

[61]高平子．史记天官书今注 [M]. 台北：中华丛书编审委员会，1965.

[62]高平子．高平子天文历学论著选 [C]. 台北："中央研究院"数学研究所，1987.

[63]高平子．汉历因革异同及其完成时期的新研究 [A]// 高平子天文历学论著选 [C]. 台北："中央研究院"数学研究所，1987，30–47.

[64]高平子．汉历五星步法的整理 [A]// 高平子天文历学论著选 [C]. 台北："中央研究院"数学研究所，1987，61–87.

[65]高平子．汉历五星周期论[A]//高平子天文历学论著选[C]. 台北：“中央研究院”数学研究所，1987. 143–166.

[66]高平子．四分历统谱[A]//高平子天文历学论著选[C]. 台北：“中央研究院”数学研究所，1987. 180–208.

[67]高平子．圭表测景论[A]//高平子天文历学论著选[C]. 台北：“中央研究院”数学研究所，1987. 209–222.

[68]高平子．中国古代天文学鸟瞰[A]//高平子天文历学论著选[C]. 台北：“中央研究院”数学研究所，1987. 237–247.

[69]高平子．张衡[A]//高平子天文历学论著选[C]. 台北：“中央研究院”数学研究所，1987. 342–351.

[70]关增建．传统分度不是角度[J]. 自然辩证法通讯，1989（5）：77–80.

[71]关增建，刘治国．中国古代对误差理论的探索[J]. 测绘学报，1992，21（3）：233–239.

[72]关增建．刘歆计量理论管窥[J]. 郑州大学学报（哲学社会科学版），2003，36（2）：125–130.

[73]关增建．中国古代对天地相对尺度的认识——兼论王充的独特贡献[J]. 哈尔滨工业大学学报（社会科学版），2005，7（1）：6–11.

[74]关增建．中国古代对回归年长度的测定[J]. 中国计量，2006，创刊10周年特刊：77–82.

[75]关增建．中国古代角度概念与角度计量的建立[J]. 上海交通大学学报（哲学社会科学版），2015（3）：52–59，75.

[76]郭津嵩．出土簡牘與秦漢曆法復原：學術史的檢討[J]，浙江大学艺术与考古研究，2018：1–25.

[77]胡维佳．唐籍所载二十八宿星度及“石氏”星表研究[J]. 自然

科学史研究，1998，17（2）：139–157.

[78]华同旭．中国漏刻 [M]. 合肥：安徽科学技术出版社，1991.

[79]黄敏华．汉历若干问题再研究 [D]. 上海：上海师范大学，2017.

[80]黄一农．社会天文学史十讲 [M]. 上海：复旦大学出版社，2004.

[81]江晓原．中国古代对太阳位置的测定和推算 [J]. 中国科学院上海天文台年刊，1985（7）：91–96.

[82]江晓原．天学真原 [M]. 沈阳：辽宁教育出版社，1991.

[83]蒋鲁敬，李志芳．荆州胡家草場西漢墓 M12 出土的简牍 [J]. 出土文献研究，2019：168–182，4–9.

[84]金祖孟．我国测影验气的历史发展 [J]. 华东师范大学学报（自然科学版），1982（1）：83–92.

[85]康宇. 神学观念影响下的汉代天文学发展[J]. 自然辩证法研究，2014（7）：75–81.

[86]黎耕．汉唐之际的表影测量与浑盖之争 [D]. 北京：中国科学院自然科学史研究所，2008.

[87]黎耕，孙小淳．汉唐之际的表影测量与浑盖转变 [J]. 中国科技史杂志，2009，30（1）：120–131.

[88]黎耕．中国古代圭表测影的天文与文化意义 [D]. 北京：中国科学院研究生院，2011.

[89]李东生．论我国古代五星会合周期和恒星周期的测定 [J]. 自然科学史研究，1982，6（3）：224–237.

[90]李广申．论《三统历》交食周期 [J]. 河南师范大学学报：哲学社会科学版，1963（1）：36–42.

[91]李红．两汉魏晋南北朝的五星天象初探[D]. 北京：中国科学院自然科学史研究所，2007.

[92]李建雄，李忠林.《汉书・律历志》五星“五步”研究[J]. 曲阜师范大学学报（自然科学版），2016，42（3）：117–124.

[93]李鉴澄．论后汉四分历的晷景、太阳去极和昼夜漏刻三种记录[J]. 天文学报，1962，10（1）：46–52.

[94]李鉴澄．岁差在我国的发现、测定和历代冬至日所在的考证[A]. 中国天文学史文集（第3集）[C]. 北京：科学出版社，1984. 124–137.

[95]李鉴澄．古历“十九年七闰”闰周的由来[J]. 中国科技史料，1992，13（3）：14–17.

[96]李守奎，洪玉琴．扬子法言译注[M]. 哈尔滨：黑龙江人民出版社，2003.

[97]李天虹．秦汉时分纪时制综论[J]. 考古学报，2012（3）：289–314.

[98]李勇.《授时历》五星推步的精度研究[J]. 天文学报，2011，52（1）：43–53.

[99]李勇．两汉《五行志》中的日食记录研究[J]. 天文学报，2015，56（5）：491–504.

[100]李之田．历法改革与反儒斗争[J]. 天文学报，1975（1）：149–152.

[101]李志超．天人古义：中国科学史论纲[M]. 大象出版社，2014.

[102]李致森，杨希虹．中国古代日月交食时刻记录与地球自转的长期不规则性[J]. 时间频率学报，1982（2）：21–27.

[103]李忠林．秦至汉初（前246至前104）历法研究——以出土历简为中心[J]. 中国史研究，2012（2）：17–69.

[104]刘次沅．中国古代天象记录中的尺寸丈单位含义初探 [J]. 天文学报，1987，28（4）：397–402.

[105]刘次沅．中国早期日食记录研究进展 [J]. 天文学进展，2003，21（1）：1–9.

[106]刘次沅．中国古代常规日食记录的整理分析 [J]. 时间频率学报，2006，29（2）：151–160.

[107]刘次沅，马莉萍．中国历史日食典 [M]. 北京：世界图书出版公司，2006.

[108]刘次沅，马莉萍．朱文鑫《历代日食考》研究 [J]. 时间频率学报，2008，31（1）：73–80.

[109]刘次沅．两汉魏晋天象记录统计分析 [J]. 时间频率学报，2015，38（3）：177–187.

[110]刘次沅．诸史天象记录考证 [M]. 北京：中华书局，2015.

[111]刘文典，冯逸，乔华．淮南鸿烈集解 [M]. 北京：中华书局，2016.

[112]刘云友．中国天文史上的一个重要发现——马王堆汉墓帛书中的《五星占》[J]. 文物，1974（11）：28–36.

[113]马莉萍．中国古代交食的宿度记录及其算法 [D]. 西安：中国科学院研究生院，2007.

[114]马怡．汉代的计时器及相关问题 [J]. 中国史研究，2006（3）：17–36.

[115]钮卫星．古历“金水二星日行一度”考证 [J]. 自然科学史研究，1996（1）：60–65.

[116]钮卫星．高平子的天文历学研究 [J]. 自然科学史研究，2006，25（2）：182–191.

[117]潘鼐．中国恒星观测史 [M]. 上海：学林出版社，1989.

[118]钱宝琮．从春秋到明末的历法沿革 [J]. 历史研究，1960（3）：35-67.

[119]钱宝琮．甘石星经源流考 [A]// 钱宝琮科学史论文选集 [C]. 北京：科学出版社，1983. 271-286.

[120]丘光明．中国古代度量衡 [M]. 北京：商务印书馆，1996.

[121]邱靖嘉．天地之间：天文分野的历史学研究 [M]. 北京：中华书局，2020.

[122]曲安京．东汉到刘宋时期历法上元积年计算 [J]. 天文学报，1991（4）：436-439.

[123]曲安京．中国古代的行星运动理论 [J]. 自然科学史研究，2006，25（1）：1-17.

[124]石云里，邢钢. 中国汉代的日月食计算及其对星占观的影响[J]. 自然辩证法通讯，2006，28（2）：79-85.

[125]斯琴毕力格．太初改历考 [J]. 内蒙古师范大学学报（哲学社会科学版），2004，33（6）：50-55.

[126]斯琴毕力格. 太初历再研究 [D]. 呼和浩特：内蒙古师范大学，2004.

[127]孙小淳．汉代石氏星官研究 [J]. 自然科学史研究，1994，13（2）：129-139.

[128]孙小淳．关于汉代的黄道坐标测量及其天文学意义 [J]. 自然科学史研究，2000，19（2）：143-154.

[129]孙小淳．宋代改历中的“验历”与中国古代的五星占 [J]. 自然科学史研究，2006，25（4）：311-321.

[130]孙小淳．天文学在古代中国社会文化中的作用 [J]. 中国科技史

杂志，2009，30（1）：5–15.

[131]孙小淳．我们宁可认为中国古代有科学 [N]. 中华读书报．2016.11.16（第 10 版：书评周刊·社科）

[132]唐泉，万映秋．中国古代的行星计算精度：天文学家的要求与期望 [J]. 咸阳师范学院学报，2010，25（2）：82–88.

[133]唐泉．中国古代五星动态表的精度——以“留”与“退”两个段目为例 [J]. 内蒙古师范大学学报（自然科学版），2013，42（4）：463–470.

[134]唐泉．中国古代行星理论研究现状与展望 [J]. 科学技术哲学研究，2013（5）：82–88.

[135]汪小虎．漏刻为什么要改箭？ [J]. 自然辩证法通讯，2015(2)：82–87.

[136]汪小虎．中国古代历书的编造与发行 [J]. 新闻与传播研究，2020，27（7）：111–125，128. 112.

[137]王立兴．纪时制度考 [J]. 中国天文学史文集（第 4 集）[M]. 北京：科学出版社，1986. 1–47.

[138]王玉民．中国古代历法推算中的误差思想空缺 [J]. 自然科学史研究，2012，31（4）：396–409.

[139]王玉民．冬至圭表测影新探 [J]. 中国科技史杂志，2013，34（4）：453–459.

[140]吴国盛．什么是科学 [M]. 广州：广东人民出版社．2016.

[141]吴九龙释．银雀山汉简释文 [M]. 北京：文物出版社，1985.

[142]吴守贤，全和钧．中国古代天体测量学及天文仪器 [M]. 北京：中国科学技术出版社，2008.

[143]席文．文化整体：古代科学研究之新路 [J]. 中国科技史杂志，

2005，26（2）：99–106.

[144]席泽宗．盖天说和浑天说 [J]. 天文学报，1960（1）：80–88.

[145]席泽宗．中国古代天文学的特点 [J]. 大自然探索，1984（4）：175–178.

[146]夏国强．《汉书·律历志》研究 [D]. 苏州大学，2010.

[147]肖尧，孙小淳．郭守敬圭表测影推算冬至时刻的模拟测量研究 [J]. 中国科技史杂志，2016，37（4）：5–20.

[148]肖尧．郭守敬圭表测影模拟测量研究 [D]. 北京：中国科学院大学，2016.

[149]肖尧．试论太初改历中的历元确定与藉半日法问题 [J]. 中国科技史杂志，2022，43（1）：77–88.

[150]新城新藏. 东洋天文学史大纲[J]. 东洋天文学史研究(沈璿译)，中华学艺社，1933.

[151]邢钢，石云里．汉代日食记录的可靠性分析——兼用日食对汉代历法的精度进行校验 [J]. 中国科技史杂志，2005，26（2）：107–127.

[152]徐振韬，蒋窈窕．中国古代太阳黑子研究与现代应用 [M]. 南京：南京大学出版社，1990.

[153]杨帆，孙小淳．观测、理论与推算——从《三统历》到《皇极历》的火星运动研究 [J]. 中国科技史杂志，2017，38（1）：9–24.

[154]伊世同．量天尺考 [J]. 文物，1978（2）：10–18.

[155]张健．中国汉代记载的五星运动精度考查 [J]. 天文学报，2010，51（2）：184–197.

[156]张培瑜，韩延本．八世纪前中国纪时日食观测和地球转速变化 [J]. 天文学报，1995，36（3）：14–320.

[157]张培瑜．汉初历法讨论 [J]，中国天文学史文集 [M]. 北京：科学出版社，1978. 82–94.

[158]张培瑜．中国古代月食记录的证认和精度研究 [J]. 天文学报，1993，34（1）：63–79.

[159]张培瑜．三千五百年历日天象 [M]. 郑州：大象出版社，1997.

[160]张培瑜. 根据新出历日简牍试论秦和汉初的历法[J]. 中原文物，2007（5）：62–77.

[161]张培瑜，陈美东，薄树人，等．中国古代历法 [M]. 北京：中国科学技术出版社，2008.

[162]赵继宁．《史记・天官书》研究 [M]. 兰州：甘肃人民出版社，2015.

[163]郑文光．中国天文学源流 [M]. 北京：科学出版社，1979.

[164]中国天文学史整理研究小组．中国天文学史 [M]. 北京：科学出版社，1981.

[165]朱文鑫．历代日食考 [M]. 上海：商务印书馆，1934.

[166]朱玉周．汉代谶纬天论研究 [D]. 济南：山东大学，2007.

[167]庄威凤，王立兴．中国古代天象记录总集 [M]. 南京：江苏科学技术出版社，1989.

[168]（日）山田庆儿．古代东亚哲学与科技文化 [M]. 沈阳：辽宁教育出版社，1996.

[169]（日）上田穣．石氏星經の研究 [M]. 京都：東洋文庫，1930.

[170]（日）薮内清．汉代观测技术和石氏星经的出现 [J]. 东方学报（京都），1959，第 30 册．

[171]（日）薮内清．《石氏星经》的观测年代 [J]. 中国科技史料，1984，5（3）：14–18.

[172]（日）薮内清 . 中国的天文历法 [M]. 北京：北京大学出版社，2017.

[173]（英）李约瑟 . 中国科学技术史・第四卷・天文 [M]. 北京：科学出版社，1975.

[174]（英）米歇尔・霍斯金；江晓原等译 . 剑桥插图天文学史 [M]. 济南：山东画报出版社，2003.

[175]（英）李约瑟；张卜天译 . 文明的滴定 [M]. 北京：商务印书馆 . 2016.

[176]（美）D•普赖斯（Derek John de Solla Price）著；任元彪译 . 巴比伦以来的科学 [M]. 石家庄：河北科学技术出版社 . 2002.

[177]Cullen C. The Foundations of Celestial Reckoning: Three Ancient Chinese Astronomical Systems[M]. New York: Routledge，2016.

[178]Kuhn T. S. The Structure of Scientific Revolutions[M]. Chicago: the University Of Chicago Press，1996.

[179]Li Yong，Xiaochun Sun. Gnomon shadow lengths records in the ZhoubiSuanjing: the earliest meridian observations in China?[J]. Research in Astronomy and Astrophysics，2009，9（12）：1377–1386.

[180]Liu，Ciyuan. The Regular Records of Solar Eclipse in Ancient China and a Computer Readable Table[J]. Archive of Exact Science，2005，59：157–168.

[181]Ptolemy F，Toomer G. J.. Ptolemy's Almagest[M]. Princeton University Press，1998.

[182]Sivin，N. Cosmos and Computation in Early Chinese

Mathematical Astronomy[J]. Toung Pao，1969 ，55（1/3）：1–73.

[183]Sivin，N. Granting the Seasons[M]. New York: Springer Science+Business Media，LLC，2009.

[184]Sivin，N. Science in Ancient China: Researches and Reflections[M]. Aldershot: Variorum，1995.

[185]Sun，Xiaochun and J. Kistemaker. Influence of Islamic Astronomy in Song and Yuan China Some facts and Discussions[J]. Proceedings of the XXth International Congress of History and Science，2001（9）：59–74.

[186]Sun，Xiaochun and J. Kistemaker. The Chinese sky during the Han[M]. Leiden; New York: Brill，1997.

[187]Y. Maeyama，Frankfurt. The Oldest Star Catalogue of China: Shih Shen’s Hsing Ching[J]. PI MATA，Wiesbaden，1977. 211–245.

后记

本书稿是由我的博士论文修订而成，主要探讨汉代天文学的相关内容。总的来说，书中给出的一些新结论和新观点，有与学界讨论的价值，这是本书能够出版的主要原因。但平心而论，书中涉及的一些问题尚没有很好地解决，这是较为遗憾的地方。

本书出版经历了我科研的三个阶段，自中国科学院大学人文学院的博士生生涯起，经过清华大学科学史系博士后阶段，最后落于江苏科技大学马克思主义学院的教职工作。对于本书的出版，首先要感谢我的硕博导师孙小淳教授。得益于他的培养和指导，我才能顺利完成研究生学业和博士论文，同时受其影响，我将中国古代天文学史作为学习科研的重心，本书正是此领域研究的一次新探索。这里也要感谢郭世荣、赵永恒、李勇、王扬宗、袁江洋、宁晓玉、王广超等老师对我博士论文所提的改进意见，它们为本书的修订提供了方向。

本书的修订补充主要是在清华博士后阶段完成的。在此阶段，感谢博士后合作导师吴国盛教授的包容和理解，让我可以自由地进行学术探索。此外，在清华的三年多时光里，还要感谢蒋澈、刘年凯、马玺、张楠、王哲然、司宏伟、孙正坤、刘骁、杨辰、孟洁、沈萌、张婕等老师的友情和帮助，这使本书能够在良好的环境下进行修订。当然，本部书稿的出版也离不开湖北科学技术出版社几位编辑老师的帮助，感谢他们的辛勤付出。

最后，感谢我的父母和亲友，他们是本书得以出版的坚实后盾，愿未来的日子里，诸君共好。

肖尧

2024 年 10 月